21世纪高等教育计算机规划教材

案例式C语言程序设计教程 实验指导

许薇 王淑艳 黄海鸥 主编
吕庆军 林森 副主编

21st Century University
Planned Textbooks of Computer Science

人民邮电出版社

北 京

图书在版编目（ＣＩＰ）数据

案例式C语言程序设计教程实验指导 / 许薇，王淑艳，
黄海鸥主编. -- 北京 : 人民邮电出版社，2015.12
    21世纪高等教育计算机规划教材
    ISBN 978-7-115-41446-5

Ⅰ．①案… Ⅱ．①许… ②王… ③黄… Ⅲ．①C语言
－程序设计－高等学校－教学参考资料 Ⅳ．①TP312

中国版本图书馆CIP数据核字（2016）第017481号

内 容 提 要

本书除了包含各章节的习题及参考答案外，还包含"全国计算机等级考试二级"的相关习题、参考答案以及相关实验项目和一个课程设计示例等内容。书中的实验都进行了验证，习题参考答案全部上机调试通过。实验、习题和课程设计内容丰富，具有启发性和综合性。

本书是学习 C 语言及上机实践的必备参考书，既可以作为高等院校计算机专业或其他专业的程序设计教程、全国二级考试的参考书，也可以作为从事计算机应用工作的科技人员的参考书或培训教材。

◆ 主　　编　许　薇　王淑艳　黄海鸥
　　副 主 编　吕庆军　林　森
　　责任编辑　武恩玉
　　责任印制　沈　蓉　彭志环

◆ 人民邮电出版社出版发行　　北京市丰台区成寿寺路 11 号
　　邮编　100164　电子邮件　315@ptpress.com.cn
　　网址　http://www.ptpress.com.cn
　　大厂聚鑫印刷有限责任公司印刷

◆ 开本：787×1092　1/16
　　印张：12.25　　　　　　　　2015 年 12 月第 1 版
　　字数：319 千字　　　　　　2015 年 12 月河北第 1 次印刷

定价：29.80 元
读者服务热线：(010)81055256　印装质量热线：(010)81055316
反盗版热线：(010)81055315

前　言

　　"C 语言程序设计"既是计算机和电子信息类相关专业的一门重要的专业基础课程，又是高校非计算机专业必修的通识教育课程。"C 语言程序设计"课程以编程语言为平台，旨在普及高级程序设计语言知识，着重培养学生在实践中的程序设计思想和方法以及用计算机解决问题的能力。

　　在众多的程序设计语言中，C 语言以其功能丰富、使用灵活方便、应用面广和实用性受到了广大计算机应用人员的喜爱。C 语言在巩固其原有应用领域的同时，又再拓展新的应用领域，支持大型数据库开发和 Internet 应用。读者一旦掌握了 C 语言，就可以较为轻松地学习其他任何一种程序设计语言，为后续的面向对象程序设计、Windows 程序设计、Java 程序设计等程序设计语言的学习打下基础。

　　《案例式 C 语言程序设计教程实验指导》是《案例式 C 语言程序设计教程》的配套教材。为了加强实验教学，提高学生的实际动手能力，按照教学大纲的要求，我们组织多年从事 C 语言课程教学、具有丰富实践经验的一线教师编写本书。本书将基础知识与实践技能融入实际的操作过程之中，有利于培养读者的实践操作能力。

　　本书共分为 4 个部分：第一部分为习题解答，内容包括基于《案例式 C 语言程序设计教程》每一章节理论知识要点的习题，主要以填空题、选择题、程序题的形式出现；第二部分为二级考试习题解答，内容包括全国计算机等级考试二级考试上机题的习题与解答；第三部分为上机指导，内容包括《案例式 C 语言程序设计教程》每一章节的理论知识的上机实践指导；第四部分为综合程序设计，内容为学生成绩管理系统的程序设计。综合程序设计是对学生的一种全面综合训练，能让学生对前面学过的内容有一个全面的运用，使学生更好地深化理解和灵活掌握教学内容。

　　本书习题解答部分的第 1～4 章由许薇编写；习题解答部分的第 5～9 章由王淑艳编写；习题解答部分的第 10～12 章由吕庆军编写；二级考试习题解答部分和上机指导部分由黄海鸥编写；综合程序设计指导部分由林森编写。全书由许薇老师进行统稿。在本书的编写过程中，参考了国内许多正式和非正式出版的相关著作，在此向这些作者们致以衷心的谢意！

编　者

2015 年 11 月

目　录

第一部分 习题解答

第 1 章 C 语言概述

1.1 填空题

1. 一个算法应具有的特点是_____、_____、有零个或多个输入、有一个或多个输出、有效性。

2. 用高级语言编写的源程序必须通过_____程序翻译成二进制程序才能执行。这个二进制程序称为_____程序。

3. 广义地说，为解决一个问题而采用的方法和步骤就称为_____。

4. 程序的三种基本结构为_____、_____和_____。

1.2 选择题

1. 一个 C 程序的执行是从____。
   A. 本程序的 main() 函数开始，到 main() 函数结束
   B. 本程序文件的第一个函数开始，到本程序文件的最后一个函数结束
   C. 本程序的 main() 函数开始，到本程序文件的最后一个函数结束
   D. 本程序文件的第一个函数开始，到本程序 main() 函数结束

2. C 语言规定，在一个源程序中，main() 函数的位置____。
   A. 必须在最开始
   B. 必须在系统调用的库函数的后面
   C. 可以任意
   D. 必须在最后

3. 以下叙述不正确的是____。
   A. 一个 C 源程序可由一个或多个函数组成
   B. 一个 C 源程序必须包含一个 main() 函数
   C. C 程序的基本组成单位是函数
   D. 在 C 程序中，注释说明只能位于一条语句的后面

4. 一个 C 语言程序由____。

    A. 一个主程序和若干子程序组成

    B. 函数组成

    C. 若干过程组成

    D. 若干子程序组成

5. 以下叙述正确的是____。

    A. 在 C 程序中，main()函数必须位于程序的最前面

    B. C 程序的每行中只能写一条语句

    C. C 语言本身没有输入/输出语句

    D. 在对一个 C 程序进行编译的过程中，可发现注释中的拼写错误

6. 算法具有 5 个特性，以下选项中不属于算法特性的是____。

    A. 有穷性   B. 可行性   C. 简洁性   D. 确定性

7. 以下叙述中正确的是____。

    A. 用 C 语言实现的算法必须要有输入和输出操作

    B. 用 C 语言实现的算法可以没有输入但必须要有输出

    C. 用 C 语言实现的算法可以没有输出但必须要有输入

    D. 用 C 语言实现的算法可以既没有输入也没有输出

8. 以下叙述中正确的是____。

    A. C 语言比其他语言高级

    B. C 语言出现的最晚，具有其他语言的一切优点

    C. C 语言可以不用编译就能被计算机识别执行

    D. C 语言以接近英语国家的自然语言和数学语言作为语言的表达形式

9. 以下叙述中正确的是____。

    A. C 程序中的注释部分可以出现在程序中任意合适的地方

    B. 花括号"{"和"}"只能作为函数体的定界符

    C. 构成 C 程序的基本单位是函数，所有函数名都可以由用户命名

    D. 分号是 C 语言语句之间的分隔符，不是语句的一部分

10. 结构化程序由 3 种基本结构组成，这 3 种基本结构组成的算法____。

    A. 可以完成任何复杂的任务   B. 只能完成部分复杂的任务

    C. 只能完成符合结构化的任务   D. 只能完成一些简单的任务

11. 下列 4 组选项中，均不是 C 语言关键字的选项是____。

    A. define   B. getc   C. include   D. while

       IF   char   scanf   go

       type   printf   case   pow

12. 在计算机中，一个字节所包含二进制位的个数是____。

    A. 2   B. 4   C. 8   D. 16

13. 能将高级语言编写的源程序转换为目标程序的软件是____。

    A. 汇编程序   B. 编辑程序   C. 解释程序   D. 编译程序

14. 下列叙述中正确的是____。

    A. 算法的效率只与问题的规模有关，而与数据的存储结构无关

    B. 算法的时间复杂度是指执行算法所需要的计算工作量

    C. 数据的逻辑结构与存储结构是一一对应的

    D. 算法的时间复杂度与空间复杂度一定相关

15. 算法中，对需要执行的每一步操作，必须给出清楚、严格的规定，这属于算法的____。

    A. 正当性   B. 可行性   C. 确定性   D. 有穷性

16. 下列叙述中错误的是____。

    A. 计算机不能直接执行用 C 语言编写的源程序

    B. C 程序经 C 编译程序编译后，生成后缀为.obj 的文件是一个二进制文件

    C. 后缀为.obj 的文件，经连接程序生成后缀为.exe 的文件是一个二进制文件

    D. 后缀为.obj 和.exe 的二进制文件都可以直接运行

17. 下列叙述中正确的是____。

    A. 一个算法的空间复杂度大，则其时间复杂度也必定大

    B. 一个算法的空间复杂度大，则其时间复杂度必定小

    C. 一个算法的时间复杂度大，则其空间复杂度必定小

    D. 上述 3 种说法都不对

18. 下列叙述中错误的是____。

    A. 计算机不能直接执行用 C 语言编写的源程序

    B. C 语言源程序经 C 编译程序编译后，生成后缀为.obj 的文件是一个二进制文件

    C. 后缀为.obj 的文件，经连接程序生成后缀为.exe 的文件是一个二进制文件

    D. 后缀为.obj 和.exe 的二进制文件都可以直接运行

19. 按照 C 语言规定的用户标识符命名规则，不能直接出现在标识符中的是____。

    A. 大写字母   B. 连接符   C. 数字字符   D. 下画线

20. 下列叙述中错误的是____。

    A. C 语言是一种结构化程序设计语言

    B. 结构化程序由顺序、分支、循环 3 种基本结构组成

    C. 使用 3 种基本结构构成的程序只能解决简单问题

    D. 结构化程序设计提倡模块化的设计方法

21. 要把高级语言编写的源程序转换为目标程序，需要使用____。

    A. 编辑程序   B. 目标程序   C. 诊断程序   D. 编译程序

22. 下列叙述中正确的是____。

    A. 用 C 程序实现的算法必须要有输入和输出操作

    B. 用 C 程序实现的算法可以没有输出但必须要有输入

    C. 用 C 程序实现的算法可以没有输入但必须要有输出

    D. 用 C 程序实现的算法可以既没有输入也没有输出

23. 下列叙述中错误的是____。

    A. 用户所定义的标识符允许使用关键字

    B. 用户所定义的标识符应尽量做到"见名知义"

    C. 用户所定义的标识符必须以字母或下画线开头

    D. 用户所定义的标识符中，大、小写字母代表不同标识

24. 下列叙述中错误的是＿＿。
    A. C 语句必须以分号结束
    B. 复合语句在语法上被看错一条语句
    C. 空语句出现在任何位置都不会影响程序运行
    D. 赋值表达式末尾加分号就构成赋值语句

25. 下列不合法的用户标识符是＿＿。
    A. j2_KEY   B. Double   C. 4d_a   D. _8_

26. 以下选项中合法的用户标识符是＿＿。
    A. long   B. _2Test   C. 3Dmax   D. A.dat

27. 下列叙述中正确的是＿＿。
    A. 程序设计就是编制程序   B. 程序的测试必须由程序员自己去完成
    C. 程序经调试改错后还应进行再测试   D. 程序经调试改错后不必进行再调试

28. 下列叙述中错误的是＿＿。
    A. C 语言源程序经编译后生成后缀为.obj 的目标程序
    B. C 程序经过编译、连接步骤之后才能形成一个真正可执行的二进制机器指令文件
    C. 用 C 语言编写的程序称为源程序，并以 ASCII 代码形式存放在一个文本文件中
    D. C 语言中的每条可执行语句和非执行语句最终都将被转化成二进制的机器指令

29. 以下叙述中正确的是＿＿。
    A. C 语言的源程序不必通过编译就可以直接运行
    B. C 语言中的每条可执行语句最终都将被转化成二进制的机器指令
    C. C 源程序经编译形成的二进制代码可以直接运行
    D. C 语言中的函数不可以单独进行编译

参考答案

填空题

1. 有穷性　确定性
2. 编译　目标
3. 算法
4. 顺序结构　选择结构　循环结构

选择题

1. D   2. B   3. C   4. B   5. C   6. C   7. B   8. D   9. A
10. C   11. A   12. D   13. D   14. B   15. C   16. D   17. D   18. C
19. D   20. D   21. D   22. C   23. A   24. D   25. C   26. B   27. C
28. D   29. B

第 2 章　C 程序设计的基本知识

2.1　填空题

1. 在程序执行过程中，其值不发生改变的量称为＿＿＿＿，其值可变的量称为＿＿＿＿。

2. 在程序中，常量是可以不经说明而直接引用的，而变量则必须先_____后使用。

3. 在 C 语言中，用_____表示语句的结束。

4. 字符常量只能是_____，不能是字符串。

5. 转义字符是一种特殊的_____。转义字符以_____开头，后跟一个或几个字符。转义字符\n 表示_____。

6. 字符串常量是由一对_____括起的字符序列。

7. 逻辑运算符用于逻辑运算，包括_____、_____、_____3 种。

8. 由关系运算符连接两个操作数得到的表达式称为_____。

2.2　选择题

1. 下面 4 个选项中，均是不合法的转义字符的选项是____。

   A. '\"'　　　　　　B. '\1011'　　　　　C. '\011'　　　　　D. '\abc'
   　　'\\'　　　　　　　　'\''　　　　　　　　'\f'　　　　　　　　'\101'
   　　'\xf'　　　　　　　　'\a'　　　　　　　　'\}'　　　　　　　　'x1f'

2. 下面正确的字符常量是____。

   A. "c"　　　　　　　B. '\ \'　　　　　　C. 'W'　　　　　　D. "

3. 下面 4 个选项中，均是正确的八进制数或十六进制数的选项是____。

   A. −10　　　　　　　B. 0abc　　　　　　C. 0010　　　　　　D. 0a12
   　　0x8f　　　　　　　　−017　　　　　　　　−0x11　　　　　　　−0x123
   　　−011　　　　　　　　0xc　　　　　　　　0xf1　　　　　　　　−0xa

4. 下面 4 个选项中，均是正确的数值常量或字符常量的选项是____。

   A. 0.0　　　　　　　B. "a"　　　　　　　C. '3'　　　　　　D. +001
   　　0f　　　　　　　　3.9E−2.5　　　　　　011　　　　　　　　0xabcd
   　　8.9e　　　　　　　　1e1　　　　　　　　0Xff00　　　　　　2e2
   　　'&'　　　　　　　　'\"'　　　　　　　　0a　　　　　　　　50.

5. 下面 4 个选项中，均是非法常量的选项是____。

   A. 'as'　　　　　　　B. '\\'　　　　　　C. −0x18　　　　　D. 0xabc
   　　−0fff　　　　　　　　'\01'　　　　　　　01177　　　　　　　'\0'
   　　'\0xa'　　　　　　　12,456　　　　　　0xf　　　　　　　　"a"

6. 下面不正确的字符串常量是____。

   A. 'abc'　　　　　　B. "12'12"　　　　　C. "0"　　　　　　D. " "

7. 在 C 语言中，int、char 和 short 等 3 种类型数据在内存中所占用的字节数____。

   A. 由用户自己定义　　　　　　　　　　B. 均为两个字节
   C. 是任意的　　　　　　　　　　　　　D. 由所用机器的机器字长决定

8. 对应以下各代数式中，若变量 a 和 x 均为 double 类型，则不正确的 C 语言表达式是____。

   代数式　　　　　　　　　　　　　　　C 语言表达式

   A. $\dfrac{e^{(x^2/2)}}{\sqrt{2\Pi}}$ 　C 语言表达式→　exp(x*x/2)/sqrt(2*3.14159)

   B. $\dfrac{1}{2}(ax+\dfrac{a+x}{4a})$ 　C 语言表达式→　1.0/2.0*(a*x+(a+x)/(4*a))

   C. $\sqrt{(\sin x)^{2.5}}$ 　C 语言表达式→　sqrt((pow(sin(x*3.14159/180),2.5))

   D. x^2-e^5 　C 语言表达式→　x*x-exp(5.0)

9. 若有代数式 $\dfrac{3ae}{bc}$ ，则不正确的 C 语言表达式是____。

    A. a/b/c*e*3   B. 3*a*e/b/c   C. 3*a*e/b*c   D. a*e/c/b*3

10. 以下表达式值为 3 的是____。

    A. 16-13%10   B. 2+3/2   C. 14/3-2   D. (2+6)/(12-9)

11. 若 x、i、j 和 k 都是 int 型变量，则执行表达式 x=(i=4,j=16,k=32)后，x 的值为____。

    A. 4   B. 16   C. 32   D. 52

12. C 语言中的标识符只能由字母、数字和下画线等 3 种字符组成，且第一个字符____。

    A. 必须为字母

    B. 必须为下画线

    C. 必须为字母或下画线

    D. 可以是字母，数字和下画线中任意一种字符

13. 下面正确的字符常量是____。

    A. "a"   B. '\\'   C. 'W'   D. "

14. 已知各变量的类型说明如下。

```
int  k,a,b;
unsigned long w=5;
double x=1.42;
```

则以下不符合 C 语言语法的表达式是____。

    A. x%(-3)   B. w+=-2

    C. k=(a=2,b=3,a+b)   D. a+=a-=(b=4)*(a=3)

15. 已知各变量的类型说明如下。

```
int =8,k,a,b;
unsigned long w=5;
double x=1.42,y=5.2;
```

则以下符合 C 语言语法的表达式是____。

    A. a+=a-=(b=4)*(a=3)   B. a=a*3=2

    C. x%(-3)   D. y=float(i)

16. 以下不正确的叙述是____。

    A. 在 C 程序中，逗号运算符的优先级最低

    B. 在 C 程序中，*APH* 和 *aph* 是两个不同的变量

    C. 若 *a* 和 *b* 类型相同，则在执行了赋值表达式 *a=b* 后，*b* 中的值将放入 *a* 中，而 *b* 中的值不变

    D. 当从键盘输入数据时，对于整型变量只能输入整型数值，对于实型变量只能输入实型数值

17. 以下正确的叙述是____。

    A. 在 C 程序中，每行中只能写一条语句

    B. 若 *a* 是实型变量，C 程序中允许赋值 *a*=10，因此实型变量中允许存放整型数

    C. 在 C 程序中，无论是整数还是实数，都能被准确无误地表示

    D. 在 C 程序中，%是只能用于整数运算的运算符

18. 已知字母 A 的 ASCII 码为十进制数 65，且 c2 为字符型，则执行语句 c2='A'+'6'-'3';后，c2 中的值为____。

  A. D   B. 68   C. 不确定的值   D. C

19. 在 C 语言中，要求运算数必须是整型的运算符是____。

  A. /   B. ++   C. !=   D. %

20. 表达式 18/4*sqrt(4.0)/8 值的数据类型为____。

  A. int   B. float   C. double   D. 不确定

21. 设变量 a 是整型、f 是实型、i 是双精度型，则表达式 10+'a'+i*f 值的数据类型为____。

  A. int   B. float   C. double   D. 不确定

22. 设变量 w、x、y、z 的数据类型分别为字符型、整型、实型、双精度型，则表达 w*x+z-y 值的数据类型为____。

  A. float   B. char   C. int   D. double

23. 若有以下定义，则能使值为 3 的表达式是____。

  int k=7,x=12;

  A. x%=(k%=5)   B. x%=(k-k%5)   C. x%=k-k%5   D. (x%=k)-(k%=5)

24. 设以下变量均为 int 类型，则值不等于 7 的表达式是____。

  A. (x=y=6,x+y,x+1)   B. (x=y=6,x+y,y+1)

  C. (x=6,x+1,y=6,x+y)   D. (y=6,y+1,x=y,x+1)

25. 假设所有变量均为整型，则表达式(a=2,b=5,b++,a+b)的值是____。

  A. 7   B. 8   C. 6   D. 2

26. 若 x、i、j 和 k 都是 int 型变量，则执行表达式 x=(i=4,j=16,k=32)后，x 的值为____。

  A. 4   B. 16   C. 32   D. 52

27. 下面 4 个选项中，均是不合法的用户标识符的选项是____。

  A. A   B. float   C. b-a   D. _123

28. 下面 4 个选项中，均是 C 语言关键字的选项是____。

  A. auto   B. switch   C. signed   D. if

    enum   typedef   union   struct

    include   continue   scanf   type

29. 下面 4 个选项中，均是合法浮点数的选项是____。

  A. +1e+1   B. -.60   C. 123e   D. -e3

    5e-9.4   12e-4   1.2e-.4   .8e4

    03e2   -8e5   +2e-1   5.e-0

30. 下面 4 个选项中，均是合法转义字符的选项是____。

  A. '\"'   B. '\'   C. '\018'   D. '\\0'

    '\\'   '\017'   '\f'   '101'

    '\n'   '\"'   'xab'   'xlf'

31. 下面正确的字符常量是____。

  A. "a"   B. '\\'   C. 'W'   D. "

32. 若有说明语句 "char c='\72'"，则变量 c____。

  A. 包含 1 个字符   B. 包含 2 个字符

  C. 包含 3 个字符   D. 说明不合法，c 的值不确定

33. 以下能正确地定义整型变量 a、b 和 c，并为其赋初值 5 的语句是____。
    A. int a=b=c=5;   B. int a,b,c=5;   C. a=5,b=5,c=5;   D. a=b=c=5;

34. 已知 ch 是字符型变量，下面不正确的赋值语句是____。
    A. ch='a+b';   B. ch='\0';   C. ch='7'+'9';   D. ch=5+9;

35. 逻辑运算符两侧运算对象的数据类型____。
    A. 只能是 0 或 1   B. 只能是 0 或非 0 正数
    C. 只能是整型或字符型数据   D. 可以是任何类型的数据

36. 下列关于运算符优先顺序的描述中正确的是____。
    A. 关系运算符<算术运算符<赋值运算符<逻辑与运算符
    B. 逻辑运算符<关系运算符<算术运算符<赋值运算符
    C. 赋值运算符<逻辑与运算符<关系运算符<算术运算符
    D. 算术运算符<关系运算符<赋值运算符<逻辑与运算符

37. 下列运算符中优先级最高的是____。
    A. <   B. +   C. &&   D. !=

38. 判断 char 型变量 ch 是否为大写字母的正确表达式是____。
    A. 'A'<=ch<='z'   B. (ch>='A')&(ch<='z')
    C. (ch>='A')&&(ch<='z')   D. ('A'<=ch)AND('z'>=ch)

39. 能正确表示"当 x 的取值在[1,10]和[200,210]范围内为真，否则为假"的表达式是____。
    A. (x>=1)&&(x<=10)&&(x>=200)&&(x<=210)
    B. (x>=1)||(x<=10)||(x>=200)||(x<=210)
    C. (x>=1)&&(x<=10)||(x>=200)&&(x<=210)
    D. (x>=1)||(x<=10)&&(x>=200)||(x<=210)

40. 已知 x=43、ch='A'、y=0，则表达式(x>=y&&ch<'B'&&!Y)的值是____。
    A. 0   B. 语法错   C. 1   D. "假"

41. 设有赋值语句"int a=1,b=2,c=3,d=4,m=2,n=2;"，则执行(m=a>b)&&(n=c>d)后，n 的值为____。
    A. 1   B. 2   C. 3   D. 0

42. 以下程序的运行结果是____。
```c
#include <stdio.h>
main()
{int a,b,d=241;
a=d/100%9;
b=(-1)&&(-1);
printf("%d,%d",a,b);
}
```
    A. 6,1   B. 2,1   C. 6,0   D. 2,0

43. 设 x、y 和 z 是 int 型变量，且 x=3、y=4、z=5，则下面表达式中值为 0 的是____。
    A. 'y'&&'y'   B. x<=y   C. x||y+z&&y-z   D. !(x<y)&& (!z||1)

44. 执行以下语句后，a 的值为____。
```c
int a,b,c;
a=b=c=1;
++a||++b&&++c;
```

　　A. 错误　　　　　　B. 0　　　　　　　C. 2　　　　　　D. 1

45. 若希望当 A 的值为奇数时，表达式的值为"真"，A 的值为偶数表达式的值为"假"，则以下不能满足要求的表达式是_____。

　　A. A%2= =1　　　B. !(A%2= =0)　　　C. !(A%2)　　　D. A%2

46. sizeof(float)是_____。

　　A. 一个双精度型表达式　　　　　　　B. 一个整型表达式

　　C. 一种函数调用　　　　　　　　　　D. 一个不合法的表达式

47. 判断 char 型变量 c1 是否为小写字母正确表达式为_____。

　　A. 'a'<=cl<='z'　　　　　　　　　　B. (cl>=a)&&(cl<=z)

　　C. ('a'>=cl)||('z'<=cl)　　　　　　　D. (c1>='a')&&(cl<='z')

48. 下面不正确的字符串常量是_____。

　　A. 'abc'　　　　B. "12'12"　　　　C. "0"　　　　D. ""

49. 若有以下定义，则正确的赋值语句是_____。

```
int  a,b;float x;
```

　　A. a=1,b=2,　　　B. b++;　　　　C. a=b=5　　　D. b=int(x);

50. 执行以下语句后 b 的值为_____。

```
int  a=5,b=6,w=1,x=2,y=3,z=4;
(a=w>x)&&(b=y>z);
```

　　A. 6　　　　　　B. 0　　　　　　C. 1　　　　　D. 4

2.3　写结果题

1. 写出下列程序的运行结果。

```
#include <stdio.h>
main( )
{
int  a, b, c, d;
unsigned u;
a=12; b= - 24; u=10;
c=a+u; d=b+u;
printf("a+u=%d,b+u=%d\n", c, d);
}
```

2. 写出下列程序的运行结果。

```
#include <stdio.h>
main()
{
  char c1,c2,c3;
  c1=97;
   printf("%c %c\n",c1,c1+1);
   printf("%d %d\n",c1,c1+1);
  c2='a';
  c2=c2-32;
  printf("%c %c\n",c2,c2+1);
  c3=353;
  printf("%c%d",c3,c3);
}
```

3. 写出下列程序的运行结果。

```
main()
{
int i=8;
printf("%d\n",++i);
printf("%d\n",- -i);
printf("%d\n",i++);
printf("%d\n",i- -);
printf("%d\n",-i++);
printf("%d\n",-i- -);
}
```

4. 写出下列程序的运行结果。

```
main()
{
 printf("\101 \x42 C\n");
 printf("I say:\"How are you?\"\n");
 printf("\\C Program\\\n");
 printf("Turbo \'C\'");
}
```

5. 写出下列各进制数转换成十进制的结果。

0123 = (   )₁₀

0x123 = (   )₁₀

0Xff = (   )₁₀

6. 写出下列程序的运行结果。

```
#define    PRICE    12.5
main()
{ int num=3;
  float  total;
  char  ch1,ch2='D';
  total=num*PRICE;
  ch1=ch2-'A'+'a';
  printf("total=%f,ch1=%c\n",total,ch1);
}
```

7. 写出下列程序的运行结果。

```
 main()
{
 float  x;
 int  i;
 x=3.6;
 i=(int)x;
 printf("x=%f,i=%d",x,i);
}
```

8. 写出下列表达式的结果。

```
5%2   =
-5%2  =
1%10  =
5%1   =
```

9. 写出下列程序的运行结果。

```
#include <stdio.h>
main()
{
```

```
int x,y=7;
float z=4;
x=(y=y+6,y/z);
printf("x=%d\n",x);
}
```

10. 当变量 a=4，b=5 时，写出下列表达式的值。

```
!a
a&&b
a||b
!a||b
4&&0||2
5>3&&2||8<4-!0
'c'&&'d'
```

参考答案

填空题

1. 常量　变量

2. 定义

3. 分号

4. 单个字符

5. 字符常量　反斜线"\"　回车换行

6. 双引号

7. 与(&&)　或(||)　非(!)

8. 关系表达式

选择题

1. B	2. C	3. C	4. D	5. A	6. A	7. D	8. C	9. C
10. B	11. C	12. C	13. C	14. A	15. A	16. D	17. D	18. A
19. D	20. C	21. C	22. D	23. D	24. C	25. B	26. C	27. C
28. B	29. B	30. A	31. C	32. A	33. A	34. A	35. B	36. C
37. B	38. C	39. C	40. C	41. B	42. B	43. D	44. C	45. C
46. B	47. D	48. A	49. B	50. A				

写结果题

1. a+u=22，b+u=−14

2. 运行结果如下。

```
a b
97 98
A B
a 97
```

3. 运行结果如下。

```
9
8
8
9
-8
-9
```

4. 运行结果如下。

```
A B C
Isay:"How are you?"
\C Program\
Turbo 'C'
```

5. 83，291，255

6. 运行结果如下。

```
total=37.500000, ch1=d
```

7. 运行结果如下。

```
x=3.600000,i=3
```

8. 各表达式的运行结果分别为 1，-1，1，0

9. x=3

10. 各表达式的值分别为 0，1，1，1，1，1，1

第 3 章　顺序结构

3.1　填空题

1. 若整型变量 a 和 b 中的值分别为 7 和 9，要求按以下格式输出 a 和 b 的值。

   a=7

   b=9

请完成输出语句"printf("_____",a,b);"。

2. 设有 "int I,j,k;"，则执行 "for（i=0,j=10;i<=j;i++,j--）k=i+j;" 循环后，k 的值为_____。

3. 设有 "int x=1,y=2;"，则表达式 1.0+x/y 的值为_____。

4. 下列程序的功能是计算 s=1+12+123+1234+12345，请填空。

```
int main(void)
{ int t=0,s=0,i;
  for(i=1;i<=5;i++){
    t=i+_____;
    s=s+t;}
  printf("s=%d\n",s);
  return 0;    }
```

5. 以下程序的输出结果是_____。

```
int main(void)
{ int t=1,i=5;
  for(;i>=0;i--)
    t=t*i;
  printf("%d\n",t);
  return 0;    }
```

6. 若 s 的当前值为 0，则执行循环语句 "for（i=1; i<=10; i=i+3）s=s+t;" 后，i 的值为_____。

7. 若 s 是 int 型变量，则表达式 s%2+(s+1)%2 的值为_____。

8. 以下 for 语句循环的次数是_____次。

```
for(x=0;x<=4;x++)
  x=x+1;
```

9. 若从键盘输入 58，则以下程序段的输出结果是_____。

```
int main(void)
{  int  a;
   scanf("%d",&a);
   if(a>50)  printf("%d",a);
   if(a>40)  printf("%d",a);
   if(a>30)  printf("%d",a);
   return 0;      }
```

10. 设 x、y、z 均为 int 型变量，则条件"x 或 y 中有一个小于 z"的表达式是_____。

11. 若 i 为 int 型变量，则"for（i=2；i==0；）i--；"语句的循环次数是_____。

12. 循环"for（k=2；k<6；k++，k++）printf("##%d",k);"的运行结果是_____。

13. 下列程序段的输出结果是_____。

```
int main(void)
{  float  a;
   int  b=5;
   a=5/2;
   b=b/2*a;
   printf("%f,%d\n",a,b);
   return 0         }
```

14. 以下程序的功能是输入 3 个数，输出 3 个数中的最大值。

```
#include<stdio.h>
int main(void)
{  int x,y,z,u,v;
   scanf("%d%d%d",&x,&y,&z);
   if(   (1)   )u=x;
   else  u=y;
   if(   (2)   )v=u;
   else  v=z;
   printf("%d\n",v);
  return 0;  }
```

15. 若执行语句"printf("%%d%d",123);"，则输出结果为_____。

16. 若有"int m=5,y=2;"则执行表达式 y+=y-=m*=y 后，y 的值是_____。

17. 由赋值表达式加上一个分号构成_____。

18. 字符输出函数为_____。

19. C 语句可分为 5 类，分别为控制语句、函数调用语句、_____、空语句和_____。

20. 只有一个分号的语句叫_____。

3.2 选择题

1. 执行以下程序段后的输出结果是____。

```
int  i=012;
float  f=1.234e-2;
printf("i=%-5df=%5.3f",i,f);
```

    A. i=012 f=1.234   B. i=10 f=0.012   C. 10 0.012   D. 100.012

2. putchar 函数可以向终端输出一个____。

    A. 整型变量表达式值   B. 实型变量值

    C. 字符串   D. 字符或字符型变量值

3. 执行以下程序段后，变量 a、b、c 的值分别是____。

```
int x=10,y=9;
int a,b,c;
a=(--x= =y++)?--x:++y;
b=x++;
c=y;
```

    A. a=9,b=9,c=9   B. a=8,b=8,c=10   C. a=9,b=10,c=9   D. a=1,b=11,c=10

4. 以下程序的运行结果是____。

```
main()
{int k=4,a=3,b=2,c=1;
printf("\n%d\n",k<a?k:c<b?c:a);
}
```

    A. 4   B. 3   C. 2   D. 1

5. printf 函数中用到格式符%5s，其中，数字 5 表示输出的字符串占用 5 列。如果字符串长度小于 5，则输出按方式____。

    A. 从左起输出该字串，右补空格

    B. 按原字符长从左向右全部输出

    C. 右对齐输出该字串，左补空格

    D. 输出错误信息

6. 已有定义 "int a=-2;" 和输出语句 "printf("%8lx",a);"，以下正确的叙述是____。

    A. 整型变量的输出格式符只有%d 一种

    B. %x 是格式符的一种，它可以适用于任何一种类型的数据

    C. %x 是格式符的一种，其变量的值按十六进制输出，但%8lx 是错误的

    D. %8lx 不是错误的格式符，其中数字 8 规定了输出字段的宽度

7. 若运行时给变量 x 输入 12，则以下程序的运行结果是____。

```
main()
{int x,y;
scanf("%d",&x);
y=x>12?x+10:x-12;
printf("%d\n",y);
}
```

    A. 0   B. 22   C. 12   D. 10

8. 若 x、y 均定义为 int 型，z 定义为 double 型，以下不合法的 scanf 函数调用语句是____。

    A. scanf("%d%lx,%le",&x,&y,&z);   B. scanf("%2d*%d%lf"&x,&y,&z);

    C. scanf("%x%*d%o",&x,&y);   D. scanf("%x%o%6.2f",&x,&y,&z);

9. 已有程序段和输入数据的形式如下，程序中输入语句的正确形式应当为____。

```
main()
{int a;float  f;
printf("\nInput number:");
输入语句
printf("\nf=%f,a=%d\n",f,a);
}
Input number: 4.5 2<CR>
```

    A. scanf("%d,%f",&a,&f);   B. scanf("%f,%d",&f,&a)

    C. scanf("%d%f",&a,&f);   D. scanf("%f%d",&f,&a);

10. x、y、z 均为 int 型变量，则执行语句"x=(y=(z=10)+5)-5;"后，x、y 和 z 的值是____。

A. x=10　　　　　B. x=10　　　　　C. x=10　　　　　D. x=10
　 y=15　　　　　　 y=10　　　　　　　 y=10　　　　　　　 y=5
　 z=10　　　　　　 z=10　　　　　　　 z=15　　　　　　　 z=10

11. 阅读下面程序，若运行结果为如下形式，输入输出语句的正确内容是____。

```
main()
{int x; float y; printf("enter x,y:");
输入语句  输出语句
}
输入形式  enter x,y: 2 3.4
输出形式  x+y=5.40
```

A. scanf("%d,%f",&x,&y); printf("\nx+y=%4.2f",x+y);

B. scanf("%d%f",&x,&y); printf("\nx+y=%4.2f",x+y);

C. scanf("%d%f",&x,&y); printf("\nx+y=%6.1f",x+y);

D. scanf("%d%3.1f",&x,&y);printf("\nx+y=%4.2f",x+y);

12. 以下说法正确的是____。

A. 输入项可以为一实型常量，如"scanf("%f",3.5);"

B. 只有格式控制，没有输入项，也能进行正确输入，如"scanf("a=%d,b=%d");"

C. 当输入一个实型数据时，格式控制部分应规定小数点后的位数，如"scanf("%4.2f",&f);"

D. 当输入数据时，必须指明变量的地址，如"scanf("%f",&f);"

13. 有输入语句"scanf("a=%d,b=%d,c=%d",&a,&b,&c);"，那么，为使变量 a 的值为 1、b 为 3、c 为 2，则从键盘输入数据的正确形式应当是____。

A. 132（回车）　　　　　　　　　　B. 1,3,2（回车）

C. a=1b=3c=2（回车）　　　　　　D. a=1,b=3,c=2（回车）

14. 在下列选项中，正确的赋值语句是____。

A. ++t　　　　　B. x=y= =z;　　　　　C. a=(b,c)　　　　　D. a+b=1;

15. 执行下列程序后的输出结果是____。

```
int a=15;
printf("a=%d,a=%o,a=%x\n",a,a,a);
```

A. a=15,a=15,a=15　　　　　　　B. a=15,a=017,a=0xf

C. a=15,a=17,a=0xf　　　　　　　D. a=15,a=17,a=f

16. 若有定义"int a=7;float x=2.5,y=4.7;"，则表达式 x+a%3*(int)(x+y)%2/4 的值是____。

A. 2.500000　　　B. 2.750000　　　　C. 3.500000　　　D. 0.000000

17. 设 x、y 均为 float 型变量，则以下不合法的赋值语句是____。

A. ++x;　　　　　B. y=(x%2)/10;　　C. x*=y+8;　　　D. x=y=0;

18. 若 w、x、y、z、m 均为 int 型变量，则执行下面语句后的 m 值是____。

```
w=1;x=2;y=3;z=4;
m=(w<y)?w:x;
m=(m<y)?m:y;
m=(m<z)?m:z;
```

A. 1　　　　　　B. 2　　　　　　　C. 3　　　　　　D. 4

19. 已定义 ch 为字符型变量，以下赋值语句中错误的是____。

A. ch="\";　　B. ch=62+3;　　C. ch=NULL;　　D. ch="\xaa";

20. 有以下程序

```
main()
{ int a;        char  c=10;
float    f=100.0;   double    x;
a=f/=c*=(x=6.5);
printf("%d %d %3.1f %3.1f\n",a,c,f,x);
}
```

程序运行后的输出结果是_____。

A. 1 65 1 6.5   B. 1 65 1.5 6.5

C. 1 65 1.0 6.5   D. 2 65 1.5 6.5

3.3 程序设计

1. 输入 x 和 y 值,交换它们的值,并输出交换前后的数。

2. 编写程序,由键盘输入一个小写英文字母,并显示该字母及对应的大写字母。

3. 从键盘输入圆的半径值,然后分别计算圆的周长、面积、球的体积。

4. 输入三角形的 3 个边长,并求出面积。

参考答案

填空题

1. a=%d\nb=%d

2. 10

3. 1.0

4. t*10

5. 0

6. 13

7. 1

8. 3

9. 585858

10. x<z && y>=z || x>=z && y<z

11. 0

12. ##2##4

13. 2.000000,4

14. x>y   u>z

15. %d123

16. −16

17. 赋值语句

18. putchar( )

19. 表达式语句   复合语句

20. 空语句

选择题

1. B   2. D   3. B   4. D   5. C   6. D   7. A   8. D   9. D

10. A　11. B　12. D　13. D　14. B　15. D　16. A　17. B　18. A
19. A　20. B

程序设计

1. 输入 x 值和 y 值，交换它们的值，并输出交换前后的数。相关代码如下。

```
main()
{int x,y,temp;
printf("\n input  two int  number: ");
scanf("%d%d",&x,&y);          /* 从键盘输入两个整数,分别赋予变量 x 和 y */
printf("\n before  change  x=%d y=%d",x,y);  /* 输出交换前的 x 和 y 值*/
temp=x;x=y;
y=temp;
printf("\n after  change  x=%d y=%d",x,y);    /* 输出交换后的 x 和 y 值*/
 }
```

2. 由键盘输入一个小写英文字母，并显示该字母及对应的大写字母。相关程序代码如下。

```
main()
{char  ch;
printf(\n input a letter:");
scanf("%c",&ch);
printf("%c\t%c\n",ch,ch+'A'-'a');
 }
```

3. 从键盘输入圆的半径值，然后分别计算圆的周长、面积、球的体积。相关程序代码如下。

```
main()
{float  r,l,s,v;
prinf(\n input value of  r:");
scanf("%f",&r);
l=2*3.14159*r;
s=3.14159*r*r;
v=3.14159*r*r*r*4.0/3;
printf("\n r=%f,l=%f,s=%f,v=%f",r,l,s,v);
 }
```

4. 输入三角形的 3 个边长，并求出面积。相关程序代码如下。

```
#include <math.h>
#include <stdio.h>
main()
{ float a,b,c,s,area;
  scanf("%f,%f,%f",&a,&b,&c);
  s=1.0/2*(a+b+c);
  area=sqrt(s*(s-a)*(s-b)*(s-c));
  printf("a=%7.2f, b=%7.2f, c=%7.2f, s=%7.2f\n",a,b,c,s);
  printf("area=%7.2f\n",area);
}
```

第 4 章　选择结构

4.1　填空题

1. 用关系运算符连接起来的表达式称为＿＿＿＿＿＿＿。

2. 逻辑运算的结果值是＿＿＿＿或＿＿＿＿。

3. 若有 "a=0; b=0.5; x=0.3;"，则 a<=x<=b 的值为_____。

4. 条件运算符的表达式的一般形式为_____。

5. 条件运算符的结合方向为_____。

6. 若 a=10、b=20，则表达式!(a<b)的值是_____。

7. 能正确表示 "a>=10 或 a<=0" 的 c 语言关系表达式_____。

8. 若从键盘输入 56，则以下程序段的输出结果是_____。
```c
void main(void)
{ int a;
 scanf("%d",&a);
 if(a>30)
    printf("%d",a);
 if(a>40)
    printf("%d",a);
 else if(a>30)
    printf("%d",a);
 }
```

9. 以下程序段的输出结果是_____。
```c
int x=10,y=20,t=0;
if(x==y) t=x;x=y;y=t;
printf("%d,%d\n",x,y);
```

10. 以下程序段的输出结果是_____。
```c
int a=1,b=2,c=3;
if(c=a) printf("%d\n",c);
else printf("%d\n",b);
```

11. 下列程序用于判断 a、b、c 能否构成三角形，若能，输出 YES，否则输出 NO。当给 a、b、c 输入三角形的 3 条边长时,确定 a、b、c 能构成三角形的条件是需同时满足 3 个条件,即 a+b<c、a+c>b、b+c>a。请填空。
```c
int main(void)
{ float a,b,c;
 scanf("%f%f%f",&a,&b,&c);
 if(            )
printf("YES\n"); /* a、b、c 能构成三角形*/
else
printf("NO\n"); /* a、b、c 不能构成三角形*/
return 0; }
```

12. 以下程序段的输出结果是_____。
```c
int main(void)
{ int x=1,y=0,a=0,b=0;
 swith(x)
   { case 1:swith(y)
     { case 0:a++;break;
     case 1:b++;break;}
     case 2:a++;b++;break;}
printf("%d,%d\n",a,b);
return 0; }
```

13. 以下程序段的输出结果是_____。
```c
int main(void)
{ int a=3,b=4,c=5,t=99;
 scanf("%d",&a);
```

```
    if(b<a&&a<c)  t=a;a=c;c=t;
    if(a<c&&b<c)t=a,b=a,a=t;
    printf("%d%d%d\n",a,b,c);
    return 0;}
```

14. 下列程序运行后的输出结果是_____。

```
int a=10,b=20,c;
c=(a%b<1)||(a/b>1);
printf("%d%d%d\n",a,b,c);
```

15. 下列程序运行后的输出结果是_____。

```
int main(void)
{ char c;int k;
 c='b';k=4;
 swith(c)
    {
        case 'a':k=k+1;break;
        case'b':k=k+2;
        case 'c':k=k+3; }
        printf("%d\n",k);
        return 0;  }
```

16. 输入一个学生的数学成绩（0～100），将它转换为五级记分制成绩后输出。如果输入不正确的成绩，显示"Invalid input"。请填空。

```
int main(void)
{ int mark;
         ;
scanf("%d",&mark);
  if( (1)_____ ) {
                        if(mark>=90) grade='A';
                    else if(mark>=80) grade='B';
                    else if(mark>=70) grade='C';
                    else if(mark>=60) grade='D';
                    else  grade='E';
                    putchar(grade); putchar('\n');}
else
printf("Invalid input\n");
return 0;  }
```

4.2 选择题

1. 若 a、b、c1、c2、x、y 均是整型变量，以下正确的 switch 语句是____。

A. switch(a+b);
    { case 1:y=a+b;break;
       case 0:y=a-b;break; }

B. switch(a*a+b*b)
    { case 3:
       case 1:y=a+b;break;
       case 3:y=b-a;break; }

C. switch a
    { case c1:y=a-b;break;
      case c2:x=a*d;break;
      default:x=a+b;

D. switch(a-b)
    { default:y=a*b;break;
      case 3:case4:x=a+b;break;
      case 10:case 11:y=a-b;break; }

2. 下列程序段的输出结果是____。

```
int main(void)
{ inti;
```

```
     for(i=0;i<3;i++)
        switch(i)
        { case 1: printf("%d",i);
          case 2: printf("%d",i);
          default: printf("%d",i);  }
     return 0;      }
```

  A. 011122   B. 012   C. 012020   D. 120

3. 下列程序段的输出结果是____。

```
int main(void)
{ int m,k=0,s=0;
  for(m=1;m<=4;m++){
  switch(m%4){
  case 0:
  case 1:s+=m;break;
  case 2:
  case 3:s-=m;break;   }
  k+=s;
  printf("%d",k);
  return 0;     }
```

  A. 10   B. -2   C. -4   D. -12

4. 有定义语句 "int a=1，b=2，c=3，x;"，则以下各程序执行后，x 的值不为 3 的是____。

  A. if(c<a)x=1;   B. if(a<3)x=3;

    else if(b<a)x=2;   else if(a<2)x=2;

    else x=3;   else x=1;

  C. if(a<3)x=3;   D. if(a<b)x=b;

    if(a<2)x=2;   if(b<c)x=c;

    if(a<1)x=1;   if(c<a)x=a;

5. 下面程序运行时如果输入 "-1 2 3 3 6 2<回车>"，则输出的结果是_____。

```
int main(void)
{ int t,a,b,i;
  for(i=1;i<=3;i++){
     scanf("%d%d",&a,&b);
        if(a>b)t=a-b;
        else if(a==b)t=1;
        else t=b-a;
     printf("%d",t);
}
```

  A. 3 0 4   B. 3 1 4   C. 1 3 4   D. 3 1 6

6. 下列程序运行时输入 "7 mazon<回车>"，则输出的结果是____。

```
int main(void)
{ char c;
  int i;
  for(i=1;i<=5;i++)
  { c=getchar();
     if(c>='a'&&c<='u')    c+=5;
     else if(c>='v'&&c<='z')    c='a'+c-'v';
     putchar(c);  }
  return 0;      }
```

  A. 7rfet   B. 7rfets   C. rfet   D. rfets

7. 下列程序段运行时从键盘上输入"2.0<回车>"，则输出的结果是____。

```
int main(void)
{ float x,y;
  scanf("%f",&x);
  if(x<0.0)  y=0.0;
  else if(x<5.0)&&(x!=2.0))  y=1.0/(x+2.0);
  else if(x<10.0)y=1.0/x;
  else  y=10.0;
  printf("%f\n",y);
  return 0;     }
```
A. 0.000000　　　　B. 0.250000　　　　C. 0.500000　　　　D. 1.000000

8. 下列程序段的输出结果是____。

```
int main(void)
{ int x=100,a=10,b=20,ok1=5,ok2=0;
  if(a<b)
    if(b!=15)
      if(!ok1)x=1;
      else
        if(ok2)  x=10;
x=-1;
printf("%d\n",x);
return 0;     }
```
A. -1　　　　B. 0　　　　C. 1　　　　D. 不确定的值

9. 下列程序段运行后，x 的值是____。

```
int a=0,b=0,c=0,x=35;
if(!a)  x--;
else if(b);
if(c)  x=3;
else  x=4;
```
A. 34　　　　B. 4　　　　C. 35　　　　D. 3

10. 下列程序段的输出结果是____。

```
#include <stdio.h>
int main(void)
{
    int   a=2,b=-1,c=2;
    if(a<b)
      if(b<0)    c==0;
      else    c++;
    printf("%d\n",c);
}
```
A. 0　　　　B. 1　　　　C. 2　　　　D. 3

11. 下列程序段的输出结果是____。

```
#include <stdio.h>
void main(void)
{ int   x=1,a=0,b=0;
  switch(x)
{
    case 0:   b++;
    case 1:   a++;
    case 2:   a++;b++;
}
  printf("a=%d,b=%d\n",a,b);
```

```
}
```

    A. a=2,b=1   B. a=1,b=1   C. a=1,b=0   D. a=2,b=2

12. 以下 if 语句语法正确的是_____。

    A. if(x>0)

          printf("%f",x)

          else   printf("%f",- -x);

    B. if(x>0)

          {x=x+y;printf("%f",x);}

          else   printf("f",-x);

    C. if(x>0)

          {x=x+y;   prinrf("%f",x);};

          else   printf("%f",-x);

    D. if(x>0)

          {x=x+y;printf("%f",x)}

          else   printf("%f",-x);

13. 请阅读以下程序：

```
main()
{int  a=5,b=0,c=0;
if(a=b+c)  printf("***\n  ");
else printf("$$$\n");
```

    以上程序_____。

    A. 有语法错不能通过编译

    B. 可以通过编译但不能通过连接

    C. 输出***

    D. 输出$$$

14. 若 a=1、b=3、c=5、d=4，则执行完下面一段程序后，x 的值是_____。

```
if(a<b)
if(c<d)x=1;
else
if(a<c)
if(b<d)x=2;
else  x=3;
else  x=6;
else  x=7;
```

    A. 1   B. 2   C. 3   D. 6

15. 以下程序的输出结果是_____。

```
#include <stdio.h>
main()
{
int  x=2,y=-1,z=2;
if(x<y)
if(y<0)  z=0;
else  z+=1;
printf("%d\n",z);
}
```

    A. 3   B. 2   C. 1   D. 0

16. 以下程序的输出结果是____。

```
#include <stdio.h>
main()
 {int  a=100,x=10,y=20,ok1=5,ok2=0;
 if  (x<y)
 if(y!=10)
 if(!ok1)  a=1;
 else
 if(ok2)  a=10;
 a=-1;
 printf("%d\n",a);
}
```

   A. 1   B. 0   C. -1   D. 值不确定

17. 以下程序的运行结果是____。

```
#include <stdio.h>
main()
{int  m=5;
if(m++>5)  printf("%d\n",m);
else  printf("%d\n",m- -);
}
```

   A. 4   B. 5   C. 6   D. 7

18. 为了避免在嵌套的条件语句 If-else 中产生二义性，C 语言规定 else 子句总是与____配对。

   A. 缩排位置相同的 if   B. 其之前最近的且还没有配对的 if

   C. 之后最近的 if   D. 同一行上的 if

19. 请阅读以下程序并回答相应问题。

```
#include<stdio.h>
main()
{float  a,b;
scanf("%f",&a);
if(a<10.0)  b=1.0/x;
else if((a<0.5)&&(a!=2.0))b=1.0/(a+2.0);
else if(a<10.0)  b=1.0/x;
else  b=10.0;
printf("%f\n",b);
```

若运行上述程序时输入 2.0 并回车，则上面程序的输出结果是____。

   A. 0.000000   B. 0.500000   C. 1.000000   D. 0.250000

20. 有定义语句"int a=1,b=2,c=3,x;"，则以下选项中各程序段执行后 x 的值不为 3 的是____。

   A. if (c<a) x=1;   B. if (a<3) x=3;

       else if (b<a) x=2;   else if (a<2) x=2;

       else x=3;   else x=1;

   C. if (a<3) x=3;   D. if (a<b) x=b;

       if (a<2) x=2;   if (b<c) x=c;

       if (a<1) x=1;   if (c<a) x=a;

21. 下列程序的运行结果为____。

```
void main()
{
int x=1,y=0,a=0,b=0;
```

```
switch(x)
 {
 case 1:
  switch(y)
  {
  case 0:  a++;  break;
  case 1:  b++;  break;
  }
 case 2:  a++;b++;  break;
 case 3:  a++;b++;
 }
 printf("\na=%d,b=%d",a,b);
 }
```

A. a=2,b=1   B. a=1,b=2   C. a=1,b=1   D. a=2,b=2

22. 下面程序输出结果为____。

```
main()
 {
int x=100,a=10,b=20;
 int v1=5,v2=0;
 if(a<b)
 if(b!=15)
 if(!v1)
 x=1;
 else
 if(v2)  x=10;
 x=-1;
 printf("%d",x);
 }
```

A. 100   B. 1   C. 10   D. -1

23. 若有定义 "floatx;int a,b,c=2;"，则正确的 switch 语句是____。

   A. switch(x)

     { case 1.0 : printf("* \ n");

     case 2.0 : printf("** \ n");

     }

   B. switch(int(x))

     { case 1 : printf("* \ n");

     case 2 : printf("** \ n");

     }

   C. switch(a+b)

     { case 1 : printf("* \ n");

     case 1+2 : printf("** \ n");

     }

   D. switch(a+b)

     { case 1 : printf("* \ n");

     case c : printf("** \ n");

     }

24. 下列与表达式 "b=(a<0?-1：a>0?1：0)" 的功能等价选项是____。

A.　b=0;

if(a>=0)

if(a>0) b=1;

else b=-1;

B.　if(a>0)b=1;

else if(a<0)b=-1;

elseb=0

C.　if(a)

if(a<0) b=-1;

else if(a>0)b=1;

else b=0;

D.　b=-1;

if(a)

if(a>0)b=1;

else if(a==0)b=0;

else b=-1;

25.　若变量 c 为 char 类型，则能正确判断出 c 为小写字母的表达式是____。

A.　'a'<=c<='z'　　　　　　　　　　　B.　(c>='a')||(c<='z')

C.　('a'=C)　　　　　　　　　　　　　D.　(c>='a')&&(c<='z')

26.　如下程序运行后的输出结果是____。

```
main()
{int x=1,a=0,b=0;
switch(x){
case 0:b++;
case 1:a++;
case 2:a++;b++;
}
printf("a=%d,b=%d \n",a,b);
}
```

A.　a=2,b=1　　　　B.　a=1,b=1　　　　C.　a=1,b=0　　　　D.　a=2,b=2

27.　下述程序段所描述的数学关系是____。

```
y=-1;
if (x!=0)
if (x>0)
y=1;
else
y=0;
```

A.　y=-1（当 x<0）

y=0（当 x=0）

y=1（当 x>0）

B.　y=1（当 x<0）

y=0（当 x=0）

y=-1（当 x>0）

    C.　y=0（当 x<0）

        y=-1（当 x=0）

        y=1（当 x>0）

    D.　y=-1（当 x<0）

        y=1（当 x=0）

        y=0（当 x>0）

28.　关于 if 后一对圆括号中的表达式，以下叙述中正确的是＿＿＿。

    A.　只能用逻辑表达式　　　　　　　　B.　只能用关系表达式

    C.　既可用逻辑表达式也可用关系表达式　D.　可用任意表达式

29.　执行下面程序的正确结果是＿＿＿。

```c
#include <stdio.h>
main()
{ float a=1.9;
switch(a)
{ case 0：printf("0000");
 case 1：printf("1111");
 case 2：printf("3333");
}
printf("%f",a);
}
```

    A.　1.900000　　　　　　　　　　　　B.　111133331.900000

    C.　33331.900000　　　　　　　　　　D.　00001111233331.900000

30.　对下述程序，正确的判断是＿＿＿。

```c
#include <stdio.h>
main ()
{ int a, b;
scanf("%d,%d",&a,&b);
if(a>b)a=b;b=a;
else a++;b++;
printf("%d,%d",a,b);}
```

    A.　有语法错误不能通过编译　　　　　B.　若输入"4,5"则输出"5,6"

    C.　若输入"5,4 则输出"4,5"　　　　　D.　若输入"5,4 则输出"5,5"

31.　执行下面的程序段后，B 的值为＿＿＿＿。

```c
int x=40;
char z='B';
int B;
B=((x&0xff)&&(z>'a'));
```

    A.　0　　　　　　　　B.　1　　　　　　　　C.　2　　　　　　　　D.　3

4.3　程序设计

1.　利用条件运算符的嵌套来完成此题：学习成绩>=90 分的同学用 A 表示，60～89 分之间的用 B 表示，60 分以下的用 C 表示。

2.　输入某年某月某日，判断这一天是这一年的第几天。

3.　输入 3 个整数 x、y、z，并把这 3 个数由小到大输出。

4.　给一个不多于 5 位的正整数，要求：求它是几位数，逆序打印出各位数字。

5. 从键盘输入一个 4 位数的年份，判断是否为闰年，若是则输出该年份，否则不输出任何信息。

6. 企业发放的奖金根据利润提成。利润低于或等于 10 万元时，奖金可提 10%；利润高于 10 万元，低于 20 万元时，低于 10 万元的部分按 10% 提成，高于 10 万元的部分，可提成 7.5%；20 万元到 40 万元之间时，高于 20 万元的部分，可提成 5%；40 万元到 60 万元之间时高于 40 万元的部分，可提成 3%；60 万元到 100 万元之间时，高于 60 万元的部分，可提成 1.5%；高于 100 万元时，超过 100 万元的部分按 1% 提成。要求从键盘输入当月利润，并计算出应发放奖金总数。

参考答案

填空题

1. 关系表达式
2. 1　0
3. 0
4. 表达式 1？表达式 2：表达式 3
5. 自右向左
6. 0
7. a>=10||a<=0
8. 5656
9. 20,0
10. 1
11. a+b>c && a+c>b && b+c>a
12. 2,1
13. −3
14. 10 20 0
15. 9
16. char grade;　mark>=0 && mark<=100

选择题

1. D　2. A　3. C　4. C　5. B　6. A　7. C　8. A　9. B
10. C　11. A　12. B　13. D　14. B　15. B　16. C　17. C　18. B
19. B　20. C　21. A　22. D　23. C　24. B　25. D　26. A　27. C
28. D　29. B　30. A　31. A

程序设计

1. 利用条件运算符的嵌套来完成此题：学习成绩>=90 分的同学用 A 表示，60～89 分之间的用 B 表示，60 分以下的用 C 表示。相关程序代码如下。

```
main()
{
int score;
char grade;
printf("please input a score\n");
scanf("%d",&score);
grade=score>=90?'A'score>=60?'B':'C');
printf("%d belongs to %c",score,grade);
}
```

2. 输入某年某月某日，判断这一天是这一年的第几天。相关程序代码如下。

```
main()
{
int day,month,year,sum,leap;
printf("\nplease input year,month,day\n");
scanf("%d,%d,%d",&year,&month,&day);
switch(month) /*先计算某月以前月份的总天数*/
{
case 1:sum=0;break;
case 2:sum=31;break;
case 3:sum=59;break;
case 4:sum=90;break;
case 5:sum=120;break;
case 6:sum=151;break;
case 7:sum=181;break;
case 8:sum=212;break;
case 9:sum=243;break;
case 10:sum=273;break;
case 11:sum=304;break;
case 12:sum=334;break;
default:printf("data error");break;
}
sum=sum+day; /*再加上某天的天数*/
if(year%400==0||(year%4==0&&year%100!=0)) /*判断是不是闰年*/
leap=1;
else
leap=0;
if(leap==1&&month>2) /*如果是闰年且月份大于2，总天数应该加一天*/
sum++;
printf("It is the %dth day.",sum);
}
```

3. 输入 3 个整数 x、y、z，并把这 3 个数由小到大输出。相关程序代码如下。

```
main()
{
int x,y,z,t;
scanf("%d%d%d",&x,&y,&z);
if (x>y)
{t=x;x=y;y=t;} /*交换x,y的值*/
if(x>z)
{t=z;z=x;x=t;} /*交换x,z的值*/
if(y>z)
{t=y;y=z;z=t;} /*交换z,y的值*/
printf("small to big: %d %d %d\n",x,y,z);
}
```

4. 给一个不多于 5 位的正整数，要求：求它是几位数，逆序打印出各位数字。相关程序代码如下。

```
main( )
{
long a,b,c,d,e,x;
scanf("%ld",&x);
```

```
a=x/10000;  /*分解出万位*/
b=x%10000/1000;  /*分解出千位*/
c=x%1000/100;  /*分解出百位*/
d=x%100/10;  /*分解出十位*/
e=x%10;  /*分解出个位*/
if (a!=0) printf("there are 5, %ld %ld %ld %ld %ld\n",e,d,c,b,a);
else if (b!=0) printf("there are 4, %ld %ld %ld %ld\n",e,d,c,b);
    else if (c!=0) printf(" there are 3,%ld %ld %ld\n",e,d,c);
            else if (d!=0) printf("there are 2, %ld %ld\n",e,d);
                else if (e!=0) printf(" there are 1,%ld\n",e);
}
```

5. 从键盘输入一个 4 位数的年份，判断是否为闰年，若是则输出该年份，否则不输出任何信息。相关程序代码如下。

```
main()
{
int year;
printf("请输入一个四位的年份:\n");
scanf("%d",&year);
if(year%4= =0&&year%100!=0||year%400= =0)  /*若括号内表达式成立，则为闰年*/
  printf("%d",year);              /*若为闰年，则输出该年份*/
}
```

6. 企业发放的奖金根据利润提成。利润低于或等于 10 万元时，奖金可提 10%；利润高于 10 万元，低于 20 万元时，低于 10 万元的部分按 10%提成，高于 10 万元的部分，可提成 7.5%；20 万元到 40 万元之间时，高于 20 万元的部分，可提成 5%；40 万元到 60 万元之间时高于 40 万元的部分，可提成 3%；60 万元到 100 万元之间时，高于 60 万元的部分，可提成 1.5%；高于 100 万元时，超过 100 万元的部分按 1%提成。要求从键盘输入当月利润，并计算应发放奖金总数？

```
main()
{
long int i;
int bonus1,bonus2,bonus4,bonus6,bonus10,bonus;
scanf("%ld",&i);
bonus1=100000*0.1;bonus2=bonus1+100000*0.75;
bonus4=bonus2+200000*0.5;
bonus6=bonus4+200000*0.3;
bonus10=bonus6+400000*0.15;
if(i<=100000)
bonus=i*0.1;
else if(i<=200000)
bonus=bonus1+(i-100000)*0.075;
else if(i<=400000)
bonus=bonus2+(i-200000)*0.05;
else if(i<=600000)
bonus=bonus4+(i-400000)*0.03;
else if(i<=1000000)
bonus=bonus6+(i-600000)*0.015;
else
bonus=bonus10+(i-1000000)*0.01;
printf("bonus=%d",bonus);
}
```

第 5 章　循环结构

5.1　填空题

1. 在 3 种正规循环中，当条件表达式的值为_____时，就结束循环。

2. C 语言中循环结构有_____和_____。

3. 对于多重循环嵌套，可以通过 break 语句跳出循环，但 break 语句只能跳出_____循环。

4. 对于多重循环嵌套，可以通过 continue 语句结束_____循环，进入本层的下一次循环。

5. 一个循环完整包含在另一个循环结构中，这种程序称为_____。

6. goto 语句为_____，当程序执行到该语句时，转向指定位置执行。

7. for 语句的一般形式为"for(表达式 1;表达式 2;表达式 3)"，其中表达式 2 为_____。

8. 下面程序的功能是输出以下形式的金字塔图案，请填空。

```
        *
       ***
      *****
     *******
```

```c
int main(void)
{ int i,j;
  for(i=1;i<=4;i++)
      { for(j=1;j<=4;j++)
        printf("");
         for(j=1;j<=____;j++)
         printf("*");
         _____;    }
  return 0;  }
```

9. 以下程序的输出结果是_____。

```c
int main(void)
{ int I,j,sum;
for(i=1;i>=1;i--)
   { sum=0;
     for(j=1;j<=i;j++)
     sum+=i*j;
     printf("*");    }
printf("%d\n",sum);
return 0;  }
```

10. 下面程序段的功能是输出 100 以内能被 3 整除且个位数为 6 的所有整数，请填空。

```c
int i,j;
for(i=0;_____;i++)
   { j=i*10+6;
     if(_____) continue;
       printf("%d",j); }
```

11. 下列程序的功能的是：输入任意整数 n 后，输出 n 行由大写字母 A 开始顺序排列的三角形阵列。请按要求填空。如输入 n 为 5 时（n 不得大于 10），程序运行结果如下。

```
A B C D E
F G H I
J K L
M N
O
int main(void)
{ int i,j,n;
  char ch='A';
  scanf("%d",&n);
  if(n<11)
    { for(i=1;i<=n;i++)
      { for(j=1;j<=n-i+1;j++)
          { printf("%2c",ch);
            _____; }
          _____; }
else
    printf("n is too large!\n");
  printf("\n");
  return 0; }
```

12. 下列程序段实现将输入的正整数按逆序输出的功能。例如，若输入 135，则输出 531。请填空。

```
int main(void)
{ int n,s;
printf("Enter a number ;");
scanf("%d",&n);
printf("Output:")
do
{ s=n%10;
printf("%d",s);
              ;}while(n!=0);
printf("\n");
return 0; }
```

13. 下列程序输出 1～100 之间满足下列要求的数：各位数字的积大于各位数字的和。例如，23 满足 2*3>（2+3）。请填空。

```
int main(void)
{ int n,k=1,s=0,m;
 for(n=1;n<=100;n++)
{ _____;
        m=n;
        while(m!=0)
  { _____; }
        _____;
        m=m/10; }
    if(k>s)  printf("%d",n); }
    return 0; }
```

14. 下列程序求 Sn=a+aa+aaa+…+aa…aa(n 个 a)，其中 a 是一个数字。例如，当 a=2、n=5 时，Sn=2+22+222+2222+22222，其值应为 24690。请填空。

```
int main(void)
{ int a,n,count=1,sn=0,tn=0;
  printf("请输入 a 和 n:\n");
  scanf("%d %d",&a,&n);
```

```
        while(count<=n) {
        _____
        sn=sn+m;
        _____
        count++;  }
    printf("结果=%d\n,sn");
    return 0;  }
```

15. 运行下面程序时，从键盘输入 "HELLO#" 后，输出结果是____。

```
    int main(void)
{ char ch;
 while ((ch=getchar())!='#')
 { if(ch>='A'&&ch<='Z')
{ ch=ch+4;
 if(ch>'Z') ch+='A'-'Z';}
 putchar(ch);  }
return 0;  }
```

16. 下面程序是将一个正整数分解质因数。例如，输入 72，输出 72=2*2*2*3*3。请填空。

```
    int main (void)
 .{ in first;
   int number,I;
   i=2;  first=1;
   scanf("%d",&number);
   printf("%d=",number);
   while(number!=1)
    { if(number%i==0)
     { if(number%i==0)
  if(first)
   {_____;
   printf("%d",i); }
   else i++;
   return 0; }
```

17. 根据 $S=1-2/3+3/7-4/15+5/31-\cdots+(-1)^{n+1}n/2^n-1$，要求精确到最后一项的绝对值小于 10。请填空。

```
    int main(void)
{ double s,w=1,f=1;
  int i=2;
_____;
while(fab(w)>=le-5){
                f=-f;
                w=f*i/_____;
                s+=w;
                i++; }
printf("s=%f\n",s);
return 0;  }
```

18. 根据 $S=1-1/3+1/5-1/7+\cdots+(-1)^{n+1}/2n+1$，要求精确到最后一项的绝对值小于 10。请填空。

```
    int main(void)
{ double s,w=1,f=1;
   int i=2;
   s=1;
   while(_____){
                f=-f;
                w=f/_____;
                s+=w;
```

```
                    i++;  }
    printf("s=%f\n",s);
    return 0;  }
```

19. 以下程序的功能是：从键盘上输入若干个学生的成绩，统计并输出最高成绩和最低成绩。当输入负数时结束输入，请在画线处填空。

```
int main (void)
 { float x,amax,amin;
  scanf("%f",&x);
  amax=x;
  amin=x;
  while(_____)
   { if(x>amax) amax=x;
    if(_____) amin=x;
    scanf("%f\",amax,amin);
  return 0;  }
```

20. 以下程序运行后的输出结果是_____。

```
int i=10,j=0;
do{
    j=j+i;
    i--;}while(i>2);
printf("%d\n",j);
```

21. 以下程序运行后从键盘上输入 1298，则输出结果为_____。

```
int main(void)
 { int n1,n2;
  scanf("%d",&n2);
  while(n2!=0)
   { n1=n2%10;
     n2=n2%10;
    printf("%d",n1); }
   return 0;  }
```

22. 阅读下面程序并回答问题。

```
int main (void)
 { int i,s,k,count=0;
  /*第 3 行*/
   for(i=1;i<=30;i++)
      { s=0;  /*第 5 行*/
       k=i;
       while(k!=0) {
                  s=s+k%10;
                  k=k/10;  }
       if(s==6) count++;
            }
printf("%d\n",count);
return 0;  }
```

（1）写出上面程序的运行结果_____。

（2）如果将第 5 行代码 "s=0;" 移到第 3 行，则运行结果为_____。

23. 下列程序运行时，输入 "123456789" 并回车，则 while 循环体将执行_____次。

```
int main (void)
 { char ch;
  while((ch=getchar())=='0')
```

```
        printf("#");
        return 0;  }
```

24. 下面程序运行时输入 "-10"，输出结果是_____。

```
void main(void)
{
int a,b,m=1,n=1;
  scanf("%d%d",&a,&b);
  do{
      if(a>0) {
        m=2*n;
         b++;
        else    {
          n=m+n;
          a+=2;
          b++; }
      }while(a==b);
      printf("m=%d  n=%d",m,n);
}
```

5.2   选择题

1. 以下程序段的输出结果是____。

```
int x=23;
do{
   printf("%d",x--);
        } while(!x);
```

A. 321   B. 23   C. 22   D. 死循环

2. 以下程序的功能是：按顺序读入 10 名学生 4 门课程的成绩，计算每位学生的平均分并输出，但运行后结果不正确，调试中发现有一条语句出现的位置不正确。这条语句是____。

```
int main (void)
{
int n,k;
float score,sum,ave;
sum=0.0;
for(n=1;n<=10;n++)
  { for(k=1;k<=4;k++)
    { scanf("%f",&score);
       sum+=score;}
ave=sum/4.0;
printf("NO%d:%f\n",n,ave);}
return 0;}
```

A. sum=0.0;   B. sum+=score;

C. ave=sum/4.0;   D. printf("NO%d:%f\n",n,ave);

3. 输入 "happy$$new$$year!<回车>"，则下列程序的运行结果是____。

```
int main (void)
{ int I,word=0;
 char c;
 while((c=getchar())!='\n')
   { if(c=='$') word=0;
 else if(word==0)
   if(c>='a'&&c<='z')
   { c=c-'a'+'A';
```

```
        word=1;  }
    else
      word=0;
  putchar(c);
  return 0;  }
```

A. Happy$$New$$Year!   B. happy$$new$$year!

C. Happy$$new$$year!   D. HAPPY$$NEW$$YEAR!

4. 下列程序段运行时，为使此程序段不陷入死循环，从键盘输入的数据应该是____。

```
int n,t=1,s=0;
scanf("%d",&n);
  do{ s=s+t;  t=t-2;}while(t!=n);
```

A. 任意正奇数   B. 任意负偶数   C. 任意正偶数   D. 任意负奇数

5. 在下列给出的表达式中，与 while（E）中的（E）不等价的表达式是____。

A.（!E==0）   B. (E>0||E<0)   C. (E==0)   D. (E!=0)

6. 要求通过 while 循环不断读入字符，当读入字母 N 时结束循环。若变量已正确定义，下列正确的程序段是____。

A. while（(ch=getchar()) != 'N') printf("%c",ch);

B. while（ch=getchar()!='N') printf("%c",ch);

C. while（ ch=getchar()= ='N') printf("%c",ch);

D. while（(ch=getchar()) = ='N') " printf("%c",ch);

7. 下列程序的输出结果是____。

```
int y=10;
while(y--);
printf("y=%d\n",y);
```

A. y=0   B. y=-1   C. y=1   D. 构成无限循环

8. 若变量已正确定义，要求程序段完成计算 5!，以下不能完成计算的是____。

A. for(i=1,p=1;i<=5;i++) p*=I;   B. for(i=1;i<=5;i++){ P=1;p*=I;}

C. i=1;p=1;while(i<=5){ p*=I;i++;}   D. i=1;p=1;do{p*=I;i++}while(i<=5);

9. 下列程序运行时，如果从键盘上输入"China#<回车>"，则输出结果是____。

```
int main (void)
{ int v1=0,v2=0;
 char ch;
while((ch=getchar())!='#')
switch(ch)
  { case 'a':case 'h':
    default: v1++;
    case '0':v2++; }
printf("%d,%d\n",v1,v2);
return 0;  }
```

A. 2,0   B. 5,0   C. 5,5   D. 2,5

10. 下列程序运行时如果输入以下内容，则输出是____。

```
16
1*e+2=@
int main(void)
  { char ch;
    int n=0,base;
    scanf("%d",&base);
```

```
    getchar();ch=getchar();
    while(ch!='@')
     { if(ch>='0'&&ch<='9')
      n=n*base+(ch-'0');
      else if(ch>='A'&&ch<='F')
      n=n*base+(ch-'A'+10);
      else if(ch>='a'&&ch<='f')
      n=n*base+(ch-'a'+10);
      ch=getchar(); }
    printf("%d\n", n);
    return 0; }
```

    A. 12   B. 18   C. 480   D. 482

11. 设有如下程序段, 则下面描述中正确的是____。

```
int k=10;
while (k=0)  k=k-1;
```

    A. while 循环执行 10 次   B. 循环是无限循环

    C. 循环体语句一次也不执行   D. 循环体语句执行一次

12. 若有以下程序段, 则____。

```
int  x=0,s=0;
while (!x!=0)  s+=++x;
printf("%d",s);
```

    A. 运行程序段后输出 0   B. 运行程序段后输出 1

    C. 程序段中的控制表达式是非法的   D. 程序段执行无限次

13. 语句 while(!E)中的表达式!E 等价于____。

    A. E= =0   B. E!=1   C. E!=0   D. E==1

14. 下面程序段的运行结果是____。

```
a=1;b=2;c=2;
while(a<b<c)  {t=a;a=b;b=t;c--;}
printf("%d,%d,%d",a,b,c);
```

    A. 1,2,0   B. 2,1,0   C. 1,2,1   D. 2,1,1

15. 下面程序段的运行结果是____。

```
x=y=0;
while(x<15)  y++,x+=++y;
printf("%d,%d",y,x);
```

    A. 20,7   B. 6,12   C. 20,8   D. 8,20

16. 以下程序段____。

```
x=-1;
do
{x=x*x;}
while(!x);
```

    A. 是死循环   B. 循环执行两次   C. 循环执行一次   D. 有语法错误

17. 以下描述中正确的是____。

    A. 由于 do-while 循环中循环体语句只能是一条可执行语句, 所以循环体内不能使用复合语句

    B. do-while 循环由 do 开始, 用 while 结束, 在 while (表达式) 后面不能写分号

    C. 在 do-while 循环体中, 一定要有能使 while 后表达式值变为零 (假) 的操作

    D. do-while 循环中, 根据情况可以省略 while

18. 若有如下语句，则程序段____。

```
int x=3;
do{printf("%d\n",x-=2);} while(!(--x));
```

    A. 输出的是 1   B. 输出的是 1 和-2

    C. 输出的是 3 和 0   D. 是死循环

19. 下面程序的运行结果是____。

```
#include<stdio.h>
main()
{int y=10;
do{y--;}
while(--y);
printf("%d\n",y--);
}
```

    A. -1   B. 1   C. 8   D. 0

20. 下面程序的运行结果是____。

```
#include<stdio.h>
main()
{
int a=1,b=10;
do
{b-=a;a++;}while(b--<0);
printf("a=%d,b=%d\n",a,b);
}
```

    A. a=3,b=11   B. a=2,b=8   C. a=1,b=-1   D. a=4,b=9

21. 下面有关 for 循环的正确描述是____。

    A. for 循环只能用于循环次数已经确定的情况

    B. for 循环是先执行循环体语句，后判断表达式

    C. 在 for 循环中，不能用 break 语句跳出循环体

    D. for 循环的循环体语句中，可以包含多条语句，但必须用花括号括起来

22. 对 for(表达式 1;;表达式 3)可理解为____。

    A. for(表达式 1;0;表达式 3)

    B. for(表达式 1;1;表达式 3)

    C. for(表达式 1;表达式 1;表达式 3)

    D. for(表达式 1;表达式 3;表达式 3)

23. 若 i 为整型变量，则以下循环执行次数是____。

```
for(i=2;i==0;) printf("%d",i--);
```

    A. 无限次   B. 0 次   C. 1 次   D. 2 次

24. 以下 for 循环____。

```
for(x=0,y=0;(y=123)&&(x<4);x++);
```

    A. 是无限循环   B. 循环次数不定

    C. 执行 4 次   D. 执行 3 次

25. 以下不是无限循环的语句为____。

    A. for(y=0,x=1;x>++y;x=i++) i=x;   B. for(;;x++=i);

    C. while(1){x++;}   D. for(i=10; ;i--) sum+=i;

26. 下面程序段的运行结果是____。

```
for(y=1;y<10;)
y=((x=3*y,x+1),x-1);
printf("x=%d,y=%d",x,y);
```

A. x=27,y=27   B. x=12,y=13   C. x=15,y=14   D. x=y=27

27. 下列程序段不是死循环的是____。

A. ```
   int   i=100;
   whiLe(1)
   {i=i%100+1;
   if(i>100)   break;
   }
   ```

B. for(;;);

C. ```
   int   k=0;
   do{++k;}   while   (k>=0);
   ```

D. ```
   int   s=36;
   while(s)   –s;
   ```

28. 以下正确的描述是____。

A. continue 语句的作用是结束整个循环的执行

B. 只能在循环体内和 switch 语句体内使用 break 语句

C. 在循环体内使用 break 语句或 continue 语句的作用相同

D. 从多层循环嵌套中退出时，只能使用 goto 语句

29. 关于下面程序段，说法正确的是____。

```
for(t=1;t<=100;t++)
{scanf("%d",&x);
if(x<0)   continue;
printf("%3d",t);}
```

A. 当 x<0 时，整个循环结束

B. x>=0 时，什么也不输出

C. printf 函数永远也不执行

D. 最多允许输出 100 个非负整数

30. 与下面程序段等价的是____。

```
for(n=100;n<=200;n++)
{if(n%3==0)   continue;
printf("%4d",n);}
```

A. for(n=100;(n%3)&&n<=200;n++)   printf("%4d",n);

B. for(n=100;(n%3)||n<=200;n++)   printf("%4d",n);

C. for(n=100;n<=200;n++)if(n%3!=0)   printf("%4d",n)

D. ```
   for(n=100;n<=200;n++)
   {if(n%3)   printf("%4d",n);
   else   continue;
   break;}
   ```

31. 下面程序的运行结果是____。

```c
#include<stdio.h>
main()
{
int k=0;
char c='A';
do
{
switch(c++)
{
case 'A':k++;break;
case 'B':k--;
case 'C':k+=2;break;
case 'D':k=k%2;continue;
case 'E':k=k*10;break;
default:k=k/3;
}
k++;
}
while (c<'C');
printf ("k=%d",k);
}
```

A. k=3   B. k=4   C. k=2   D. k=0

32. 若运行以下程序时，从键盘输入"3.62.4<CR>"（<CR>表示回车），则下面程序的运行结果是____。

```c
#include<math.h>
#include <stdio.h>
main()
{
float x,y,z;
scanf("%f%f",&x,&y);
z=x/y;
while(1)
{
if(fabs(z)>1.0)
{
x=y;y=z;z=x/y;
}
else break;
}
printf("%f",y);
}
```

A. 1.5   B. 1.6   C. 2.0   D. 2.4

33. 执行语句"for(i=1;i++<4;);"后，变量 i 的值是____。

A. 3   B. 4   C. 5   D. 不定

34. 下面程序的运行结果是____。

```c
#include "stdio.h"
main()
{int a,b;
for(a=1,b=1;a<=100;a++)
{
if(b>=20)
break;
if(b%3==1)
```

```
{b+=3;continue;}
b-=5;}
printf("%d\n",a);}
```

    A. 7   B. 8   C. 9   D. 10

35. 下面程序的运行结果是____。

```
main()
{
int  i,j,a=0;
for(i=0;i<2;i++)
{
for(j=0;j<=4;j++)
{
if(j%2)
break;
a++;}
a++;}
printf("%d\n",a);
}
```

    A. 4   B. 5   C. 6   D. 7

36. 若有如下程序段，其中 s、a、b、c 均已定义为整型变量，且 a、c 均已赋值（c 大于 0），则与该程序段功能等价的赋值语句是____。

```
s=a;
for(b=1;b<=c;b++) s=s+1;
```

    A. s=a+b;   B. s=a+c;   C. s=s+c;   D. s=b+c;

37. 若要使以下程序的输出值为 2，则应该从键盘给 n 输入的值是____。

```
main ()
{ int s=0,a=1,n;
scanf("%d",&n);
do
{ s+=1;    a=a-2;  }
while(a!=n);
printf("%d\n",s);
}
```

    A. −1   B. −3   C. −5   D. 0

38. 以下程序的运行结果是____。

```
main()
{ int  k=4,n=4;
for( ; n<k ;)
{ n++;
if(n%3!=0)  continue;
k--; }
printf("%d,%d\n",k,n);
}
```

    A. 1,1   B. 2,2   C. 3,3   D. 4,4

39. 以下程序运行后的输出结果是____。

```
main()
{
int  a[3][3], *p, i;
p=&a[0][0] ;
for ( i=0 ; i<9 ; i++) p[i]=i+1;
printf("%d\n",a[1][2]);
}
```

    A. 3   B. 6   C. 9   D. 2

40. 如果从键盘上输入"65 14<回车>"，则以下程序的输出结果为____。

```
main()
{int m,n;
printf("Enter m,n：");scanf("%d%d",&m,&n);
while(m!=n)
{while(m>n)m-=n;
while(n>m)n-=m;
}
printf("m=%d \ n",m);
}
```

  A. m=3   B. m=2   C. m=1   D. m=0

41. 在下列选项中，没有构成死循环的程序段是____。

  A. int i=100   B. for(; ;);

```
while(1)
{
i=i%100+1;
If(i>100)
break;
}
```

  C. int k=1000;   D. int s=36;

```
do{++k;}                                    while(s);--s;
while(k>=100);
```

42. 下列程序段的输出结果是____。

```
int main(void)
{ int i,j,x=0;
 for(i=0;i<2;i++)
  { x++;
   for(j=0;j<=3;j++)
   {
    if(j%2) continue;
     x++;
       }
    x++; }
    b-=3; }
printf("x=%d\n",x);
return 0;  }
```

  A. x=4   B. x=8   C. x=6   D. x=12

43. 运行以下程序后，如果键盘上输入空格，则输出结果是____。

```
 int main(void)
{ int m,n;
printf("Enter m,n;"); scanf("%d%d", &m, &n);
while(m!=n)
  { while(m>n)  m-=n;
    while(n>m)  n-=m; }
printf("m=%d\n",m);
return 0; }
```

  A. m=3   B. m=2   C. m=1   D. m=0

44. 下列程序段的输出结果是____。

```
for(int i=1;i<6;i++)
{ if(i%2)
```

```
{printf("#");continue;}
printf("*");  }
```

    A. #*#*#   B. #####   C. *****   D. *#*#*

45. C 语言中，while 和 do-while 循环的主要区别是____。

    A. do-while 的循环体至少无条件执行一次

    B. while 的循环体控制条件比 do-while 的循环控制条件严格

    C. do-while 允许从外部转到循环体内

    D. do-while 的循环体不能是复合语句

46. 以下程序段的输出结果是____。

```
int num=0,s=0;
while(num<=2)
{
num++;
    s+=num;
}
 printf("%d\n",s);
```

    A. 10   B. 6   C. 3   D. 1

47. 以下程序段的输出结果是____。

```
    int main(void)
    {
      int i=0,s=0;
      do{
          if(i%2){i++;continue;}
          i++;
          s+=i;
          } while(i<7);
    printf("%d\n",s);
    return 0; }
```

    A. 16   B. 12   C. 28   D. 21

48. 以下程序段若要使输出值为 2，则从键盘给 n 输入的值应为____。

```
    int s=0, a=1,n;
    scanf("%d",&n);
    do{
        s+=1;
        a=a-2;
            } while(a!=n);
    printf("%d\n",s);
```

    A. 16   B. 12   C. 28   D. 21

49. 以下程序的功能是计算 $s=1+1/2+1/3+\cdots+1/10$，但运行后输出结果错误，导致错误结果的程序行是____。

```
    int main(void)
    { int n;
     float s;
     s=1.0;
  for(n=10;n>1;n--)
  S=s+1/n;
printf("%6.4f\n",s);
return 0;
    }
```

A. int n;float s;　　　　　　　　　　B. for(n=10;n>1;n--);

C. s=s+1/n;　　　　　　　　　　　　D. s=1.0;

50. 下列叙述中正确的是____。

A. break 语句只能用于 switch 语句体中

B. continue 语句的作用是使程序的执行流程跳出包含它的所有循环

C. break 语句只能用在循环体内和 switch 语句体内

D. 在循环体内使用 break 语句和 continue 语句的作用相同

5.3　程序填空题

1. 下面程序的功能是从键盘输入的一组字符中统计出大写字母的个数 m 和小写字母的个数 n，并输出 m、n 中的较大者，请填空。

```
#include   "stdio.h"
  main()
  {
int  m=0,n=0;
   char   c;  1
   while((【1】)!='\n')
   {
if(c>='A' && C<='Z') m++ ;
   if(c>='a'  && c<='z')  n++;
}
   printf("%d\n",  m<n? n:m);
}
```

2. 下面程序的功能是将小写字母变成对应大写字母后的第二个字母，其中，y 变成 A，z 变成 B。请填空。

```
#include "stdio. H"
  main()
{
char c;
  while((c=getchar())!='\n')
  {
if(c>= 'a'&& c<='z')
  c - = 30;
   if(c>'z' && c<='z'+ 2)
      【2】;
}
   printf(" %c",c)
   }
```

3. 下面程序的功能是在输入的一批正整数中求出最大者，输入 0 结束循环。请填空。

```
#include  <stdio.h>
main()
{int a,max= 0;
scanf("%d",&a)
while(【3】)
{if(max<a  max= a;
scanf("%d",&a);
}
printf("%d" ,max  );
}
```

4. 下面程序的功能是计算正整数 2345 的各位数字平方和。请填空。

```
#include<stdio. h>
main()
{int  n,sum=0;
n=2345
do{ sum=sum+(n%10)*n%10};
n=【4】;
}while(n);
printf("sum=%d",sum);
}
```

5. 下面程序的功能是从键盘输入学号，然后输出学号中百位数字是 3 的学号，若输入为 0，则结束循环。请填空。

```
#  include<stdio. h>
main()
{long  int,num;
 scanf("%ld",&num);
 do  { if( 【5】) printf("%ld",num);
 scanf("%ld",&num);
 }while(!num= =0);}
```

6. 下面程序的功能是将从键盘输入的一对数，并由小到大排序输出。若输入一对相等数，则结束循环。请填空。

```
#include  <stdio.h>
main()
{int  a,b,t;
scanf("%d%d",&a,&b);
while( 【1】  )
{if(a>b)
{t=a;a=b;b=t;}
printf("%d,%d",a,b);
scanf("%d%d",&a,&b);
}
```

5.4 程序设计

1. 判断 101～200 之间有多少个素数，并输出所有素数。

2. 打印出所有的"水仙花数"。所谓"水仙花数"是指一个 3 位数，其各位数字立方和等于该数本身。例如，153 是一个"水仙花数"，因为 $153=1^3+5^3+3^3$。

3. 将一个正整数分解质因数。例如，输入 90，打印出 90=2*3*3*5。

4. 输入两个正整数 m 和 n，求其最大公约数和最小公倍数。

5. 求 s=a+aa+aaa+aaaa+aa…a 的值，其中，a 是一个数字，例如，a 可以是 2，这时 s=2+22+222+2222+22222（此时共有 5 个数相加），这里，几个数相加由键盘控制。

6. 一球从 100 米高度自由落下，每次落地后反跳回原高度的一半后再落下。求该球在第 10 次落地时，共经过多少米？第 10 次反弹多高？

7. 一只猴子摘了 n 个桃子第一天吃了一半又多吃了一个，第二天又吃了余下的一半又多吃了一个，到第 10 天的时候发现还有一个，求猴子第一天摘了几个桃子。

8. 打印出如下图案（菱形）。

```
            *
           ***
          *****
         *******
          *****
           ***
            *
```

9. 有 1、2、3、4 个数字，能组成多少个互不相同且无重复数字的 3 位数？都是多少？

10. 一个整数加上 100 后是一个完全平方数，再加上 168 又是一个完全平方数，请问该数是多少？

11. 输出九九乘法口诀表。

12. 两个乒乓球队进行比赛，各出 3 个人。甲队的 3 个人分别为 a、b、c，乙队的 3 个人分别为 x、y、z。已抽签决定比赛名单。有人向队员打听比赛的名单，a 说他不和 x 比，c 说他不和 x、z 比。据此，请编程序找出 3 个队的赛手的名单。

13. 有一分数序列：2/1，3/2，5/3，8/5，13/8，21/13…求出这个数列的前 20 项之和。

14. 求 1+2!+3!+...+20!的和。

参考答案

填空题

1. 0

2. 当型循环　直到型循环

3. 该语句所在的一层

4. 本层的一次

5. 循环的嵌套

6. 无条件转向语句

7. 循环条件

8. 2*i-1　printf("\n")

9. 1

10. i<10　j%3!=0

11. ch=ch+1　printf("\n")

12. n=n/10

13. k=1;s=0;　　k=k*(m%10);　　s=s+m%10;

14. tn=tn+a;　　tn=tn*10;

15. LIPPS

16. First=0;　printf("%d",i);

17. S=1　(pow(2,n)-1)

18. fabs(w)>=1e-5　　(2*i+1)

19. x>=0　　x<amin

20. 52

21. 8921

22. 3

23. 0

24. m=4 n=2

选择题

1. B	2. A	3. A	4. D	5. C	6. A	7. B	8. B	9. C
10. D	11. C	12. B	13. A	14. A	15. C	16. C	17. C	18. B
19. D	20. B	21. D	22. B	23. B	24. C	25. A	26. C	27. D
28. B	29. D	30. C	31. B	32. B	33. C	34. B	35. A	36. B
37. B	38. C	39. B	40. C	41. C	42. B	43. C	44. C	45. A
46. B	47. A	48. B	49. C	50. C				

程序填空题

1. c=getchar()

2. c- =26

3. a 或 a!=0

4. n/10

5. num/100= =3

6. a!=b

程序设计

1. 判断 101～200 之间有多少个素数，并输出所有素数。

判断素数的方法：用一个数 m 分别去除 2 到 sqrt(m+1)，如果能被整除，则表明此数不是素数，反之是素数。相关程序代码如下。

```c
#include "math.h"
main()
{
int m,i,k,h=0,leap=1;
printf("\n");
for(m=101;m<=200;m++)
{ k=sqrt(m+1);
for(i=2;i<=k;i++)
if(m%i==0)
{leap=0;break;}
if(leap) {printf("%-4d",m);h++;
if(h%10==0)
printf("\n");
}
leap=1;
}
printf("\nThe total is %d",h);
}
```

2. 打印出所有的"水仙花数"。所谓"水仙花数"是指一个 3 位数，其各位数字立方和等于该数本身。例如，153 是一个"水仙花数"，因为 $153=1^3+5^3+3^3$。相关程序代码如下。

```c
main()
{
int i,j,k,n;
printf("'water flower'number is:");
for(n=100;n<1000;n++)
{
```

```
i=n/100;  /*分解出百位*/
j=n/10%10;  /*分解出十位*/
k=n%10;  /*分解出个位*/
if(i*100+j*10+k==i*i*i+j*j*j+k*k*k)
{
printf("%-5d",n);
}
}
printf("\n");
}
```

3. 将一个正整数分解为质因数。如输入 90，打印出 90=2*3*3*5。

程序分析：对正整数 n 进行分解质因数，应先找到一个最小的质数 k，然后按下述步骤完成。

（1）如果这个质数恰等于 n，则说明分解质因数的过程已经结束，打印出即可。

（2）如果 n<>k，但 n 能被 k 整除，则应打印出 k 的值，并用 n 除以 k 的商，作为新的正整数你 n，重复执行第一步。

（3）如果 n 不能被 k 整除，则用 k+1 作为 k 的值,重复执行第一步。

实现上述步骤的程序代码如下。

```
main()
{
int n,i;
printf("\nplease input a number:\n");
scanf("%d",&n);
printf("%d=",n);
for(i=2;i<=n;i++)
{
while(n!=i)
{
if(n%i==0)
{ printf("%d*",i);
n=n/i;
}
else
break;
}
}
printf("%d",n);
}
```

4. 输入两个正整数 m 和 n，求其最大公约数和最小公倍数。相关程序代码如下。

```
main()
{
int a,b,num1,num2,temp;
printf("please input two numbers:\n");
scanf("%d,%d",&num1,&num2);
if(num1<num2)
{ temp=num1;
num1=num2;
num2=temp;
}
a=num1;b=num2;
while(b!=0)  /*利用辗除法，直到 b 为 0 为止*/
{
```

```
temp=a%b;
a=b;
b=temp;
}
printf("gongyueshu:%d\n",a);
printf("gongbeishu:%d\n",num1*num2/a);
}
```

5. 求 s=a+aa+aaa+aaaa+aa…a 的值，其中，a 是一个数字，例如，a 可以是 2，这时 s=2+22+222+2222+22222（此时共有 5 个数相加）。这里，几个数相加由键盘控制。相关程序代码如下。

```
main()
{
int a,n,count=1;
long int sn=0,tn=0;
printf("please input a and n\n");
scanf("%d,%d",&a,&n);
printf("a=%d,n=%d\n",a,n);
while(count<=n)
{
tn=tn+a;
sn=sn+tn;
a=a*10;
++count;
}
printf("a+aa+...=%ld\n",sn);
}
```

6. 一球从 100 米高度自由落下，每次落地后反跳回原高度的一半后再落下，如此反复求该球在第 10 次落地时，共经过多少米？第 10 次反弹多高？

相关程序代码如下。

```
main()
{
float sn=100.0,hn=sn/2;
int n;
for(n=2;n<=10;n++)
{
sn=sn+2*hn;  /*第 n 次落地时共经过的米数*/
hn=hn/2;  /*第 n 次反跳高度*/
}
printf("the total of road is %f\n",sn);
printf("the tenth is %f meter\n",hn);
}
```

7. 一只猴子摘了 n 个桃子第一天吃了一半又多吃了一个，第二天又吃了余下的一半又多吃了一个，到第 10 天的时候发现还有一个。求猴子第一天摘了几个桃子。相关程序代码如下。

```
main()
{
int i,s,n=1;
for(i=1;i<10;i++)
{
s=(n+1)*2
n=s;
```

```
}
printf("第一天共摘了%d 个桃\n",s);
}
```

8. 打印出如下图案（菱形）。

```
        *
      * * *
    * * * * *
  * * * * * * *
    * * * * *
      * * *
        *
```

相关程序代码如下。

```
#include "stdio.h"
main()
{
int i,j,k;
for(i=0;i<=3;i++)
{
for(j=0;j<=2-i;j++)
printf(" ");
for(k=0;k<=2*i;k++)
printf("*");
printf("\n");
}
for(i=0;i<=2;i++)
{
for(j=0;j<=i;j++)
printf(" ");
for(k=0;k<=4-2*i;k++)
printf("*");
printf("\n");
}
}
```

9. 有 1、2、3、4 个数字，能组成多少个互不相同且无重复数字的 3 位数？都是多少？
相关程序代码如下。

```
#include "stdio.h"
main()
{
int i,j,k;
printf("\n");
for(i=1;i<5;i++)  /*以下为三重循环*/
for(j=1;j<5;j++)
for (k=1;k<5;k++)
{
if (i!=k&&i!=j&&j!=k) /*确保 i、j、k 三位互不相同*/
printf("%d,%d,%d\n",i,j,k);
}
}
```

10. 一个整数加上 100 后是一个完全平方数，再加上 168 又是一个完全平方数。请问该数是多少？

相关程序代码如下。

```
#include "math.h"
main()
{
long int i,x,y,z;
for (i=1;i<100000;i++)
{ x=sqrt(i+100); /*x 为加上 100 后开方后的结果*/
y=sqrt(i+268); /*y 为再加上 168 后开方后的结果*/
if(x*x==i+100&&y*y==i+268)
/*如果一个数的平方根的平方等于该数，则说明此数是完全平方数*/
printf("\n%ld\n",i);
}
}
```

11. 输出九九乘法口诀表的程序代码如下。

```
#include "stdio.h"
main()
{
int i,j,result;
printf("\n");
for (i=1;i<10;i++)
{ for(j=1;j<10;j++)
{
result=i*j;
printf("%d*%d=%-3d",i,j,result); /*-3d 表示左对齐，占 3 位*/
}
printf("\n"); /*每一行后换行*/
}
}
```

12. 两个乒乓球队进行比赛，各出 3 个人。甲队的 3 个人分别为 a、b、c，乙队的 3 个人分别为 x、y、z。已抽签决定比赛名单。有人向队员打听比赛的名单，a 说他不和 x 比，c 说他不和 x，z 比。使用程序找出 3 个队的赛手名单的代码如下。

```
#include "stdio.h"
main()
{
char i,j,k; /*i 是 a 的对手，j 是 b 的对手，k 是 c 的对手*/
for(i='x';i<='z';i++)
  for(j='x';j<='z';j++)
  {
  if(i!=j)
    for(k='x';k<='z';k++)
    { if(i!=k&&j!=k)
      { if(i!='x'&&k!='x'&&k!='z')
      printf("order is a--%c\tb--%c\tc--%c\n",i,j,k);
      }
    }
  }
}
```

13. 有一分数序列：2/1，3/2，5/3，8/5，13/8，21/13…求出这个数列的前 20 项之和的程序代码如下。

```
main()
{
int n,t,number=20;
float a=2,b=1,s=0;
for(n=1;n<=number;n++)
  {
  s=s+a/b;
  t=a;a=a+b;b=t;/*这部分是程序的关键，请读者猜猜 t 的作用*/
  }
printf("sum is %9.6f\n",s);
}
```

14. 下列程序代码可用来求 1+2!+3!+...+20!的和。

```
#include "stdio.h"
main()
{
float n,s=0,t=1;
for(n=1;n<=20;n++)
  {
  t*=n;
  s+=t;
  }
printf("1+2!+3!...+20!=%e\n",s);
}
```

第 6 章 函数

6.1 填空题

1. C 语言中函数的参数分为_____和_____。

2. 一个函数由两部分组成，即_____和_____。

3. 对 fun()函数的正确调用语法为 "fun(a+b,fun(a+b,(a,b)));"，则 fun()函数有_____个形参。

4. 若有以下函数，

```
int fun(int x)
{ return (1+x*x); }
```

则语句

"printf("%d\n",fun(fun(fun(fun(1)))));" 的输出结果是_____。

5. return 语句的功能是使程序控制从被调用函数返回到_____中。

6. 被调用函数必须是_____函数。

7. 当函数的数据类型省略时，默认的数据类型为_____型。

8. 以下函数的功能计算 s=1+1/2!+1/3!+...+1/n!。请填空。

```
double fun(int n)
{double s=0.0,fac=1.0;int I;
fun(i-1;i<-m,1)
```

```
{fac=___;
s=s+fac;}
returns;}
```

9. 以下程序的输出结果是_____。

```
void fun(int x,int y)
{x=x+y;y=x-y;z=x=y;
pintf("%d,%d",x,y);}
it main(void)
{int x=2,y=3;
fun(x,y);
printf("%d,%d/n",x,y);
return 0;}
```

10. 下面 pi()函数的功能是根据以下的公式，返回满足精度要求的 pi 值。请填空。

```
∏/2=1+1/3+1/3*(2/5)+1/3*(2/5)*(3/7)+…
double pi(double eps)
{double s=0.0,t=1.0;
int n;
fun( ____;eps;n++ )
{s+=t
t=n*t/(2*n+1):}
return2.0* ____};}
```

11. 以下程序的输出结果是_____。

```
void swap(int x,int y)
{int t;
t=x;x=y;y=t;printf("%d%d",x,y);}
int main(void)
{int a=3,b=4;
swap(a,b),printf("%d,%f/n",a,b);
return0;}
```

12. 以下程序的输出结果是_____。

```
fun(int a)
{int b=0;
static int c=3;
b++;c++;
return(a+b+c);}
int main(void)
{int I,a=5;
ior(i=0;i<3;i++)printf("%d%d",i,fun(a));
printf("/n");
return 0;}
```

13. 下列函数的功能是判断形参 a 是否为素数，若是函数返回 1，否则返回 0。请填空。

```
int isprime(int a)
{int i;
for(i=2;i<=a/2;i++)
if(a%i==o) ____;
____;}
```

6.2 选择题

1. 下列函数定义中，会出现编译错误的是____。

A. max(int x, int y,int *z)
   { *z=x>y ? x:y; }

B. int max(int x,y)
   { int z;
   z=x>y ? x:y;
   return z;
   }

C. max (int x,int y)
   { int z;
   z=x>y?x:y; return(z);
   }

D. int max(int x,int y)
   { return(x>y?x:y) ; }

2. 以下程序的运行结果是____。

```
#include <stdio.h>
    void fun(char *a, char *b)
    {
    a=b;
    (*a)++;
    }
void main(void)
    { char  c1="A", c2= "a", *p1, *p2;
    p1=&c1;  p2=&c2;   fun(p1,p2);
    printf("&c&c\n",c1,c2);
    }
```

程序运行后的输出结果是____。

A. Ab   B. aa   C. Aa   D. Bb

3. 以下函数的返回值是____。

```
fun (int   *p)
{ return  (*p; }
```

A. 不确定的值   B. 形参 p 中存放的值
C. 形参 p 所指存储单元中的值   D. 形参 p 的地址值

4. 以下程序运行后的输出结果是____。

```
#include <stdio.h>
  fun(int  a, int b)
  { if(a>b)   return(a);
  else       return(b);
  }
  main()
  { int   x=3, y=8, z=6,  r;
  r=fun (fun(x,y), 2*z);
  printf("%d\n", r);
  }
```

A. 3   B. 6   C. 8   D. 12

5. 以下函数的功能是____。

```
fun(char *p2, char   *p1)
{   while((*p2=*p1)!='\0'){p1++;p2++; } }
```

A. 将 p1 所指字符串复制到 p2 所指内存空间
B. 将 p1 所指字符串的地址赋给指针 p2
C. 对 p1 和 p2 两个指针所指字符串进行比较
D. 检查 p1 和 p2 两个指针所指字符串中是否有 "\0"

6. 在 C 语言中，函数返回值的类型最终取决于____。
   A. 函数定义时在函数首部所说明的函数类型
   B. return 语句中表达式值的类型
   C. 调用函数时主函数所传递的实参类型
   D. 函数定义时形参的类型

7. 以下函数的功能是____。
```c
int fun(char *s)
{char *t=s;
while(*t++);
return(t-s);
}
```
   A. 比较两个字符的大小
   B. 计算 s 所指字符串占用内存字节的个数
   C. 计算 s 所指字符串的长度
   D. 将 s 所指字符串复制到字符串 t 中

8. 以下程序运行后的输出结果是____。
```c
 void f(int  *q)
{int i=0;
 for( ; i<5;i++)(*q)++;
}
main()
{int a[5]={1,2,3,4,5},i;
f(a);
for(i=0;i<5;i++)printf("%d, ",a[i]);
}
```
   A. 2,2,3,4,5,   B. 6,2,3,4,5,   C. 1,2,3,4,5,   D. 2,3,4,5,6,

9. 以下程序运行后的输出结果是____。
```c
int a=4;
int f(int  n)
{int t=0; static int  a=5;
if(n%2) {int  a=6;  t+=a++;}
else {int  a=7 ; t +=a++; }
return  t+a++;
}
main()
{int  s=a, i=0;
for(; i〈2; i++)    s+=f(i);
printf ("%d\n",s);
}
```
   A. 24   B. 28   C. 32   D. 36

10. 下述函数功能是____。
```c
Int fun(char*x)
{ char*y=x;
while(*y++);
return y-x-1;
}
```

A. 求字符串的长度

B. 求字符串存放的位置

C. 比较两个字符串的大小

D. 将字符串 x 连接到字符串 y 后面

11. 下面程序执行后输出的结果是＿＿＿。

```
#include <stdio.h>
    int m=13;
    int fun(int x, int y)
    {int m=3;
    return(x*y-m);
    }
main()
    {int a=7,b=5;
    printf("%d\n",fun(a, b) /m);
    }
```

A. 1　　　　　　　　B. 2　　　　　　　　C. 3　　　　　　　　D. 4

12. 某个 C 程序中有 4 个函数，分别是 t、u、v 和 w，执行时 t 调用了 u 和 v，u 调用了 t 和 w，v 调用了 w，w 调用了 t 和 v。以下叙述中正确的是＿＿＿。

A. 这 4 个函数都间接递归调用了自己

B. 除函数 t 外，其他函数都间接递归调用了自己

C. 除函数 u 外，其他函数都间接递归调用了自己

D. 除函数 v 和 w 外，其他函数都间接递归调用了自己

13. 在下列叙述中，错误的一条是＿＿＿。

A. scanf()函数可以用来输入任何类型的多个数据

B. 数组名作函数参数时，也采用"值传递"方式

C. 如果形参发生改变，不会改变主调函数的实参值

D. 函数的实参与形参的类型应一致

14. 下列程序执行后输出的结果是＿＿＿。

```
#include<stdio.h>
f(int a)
{ int b=0;
static c=3;
a=c++,b++;
return(a);
}
main()
{ int a=2,i,k;
for(i=0;i<2;i++)
k=f(a++);
printf("%d \ n",k);
}
```

A. 3　　　　　　　　B. 0　　　　　　　　C. 5　　　　　　　　D. 4

15. C 语言规定，程序中各函数之间＿＿＿。

A. 既允许直接递归调用也允许间接递归调用

B. 不允许直接递归调用也不允许间接递归调用

C. 允许直接递归调用不允许间接递归调用

D. 不允许直接递归调用允许间接递归调用

16. 要求定义一个返回值为 double 类型的名为 mysum() 的函数，其功能为求两个 double 类型数的和值，正确的定义是____。

    A. mysum(double a,b)

        { return (a+b); }

    B. mysum(double a, double b)

        { return a+b; }

    C. double mysum(int a, intb);

        {return a+b; }

    D. double mysum(double a, double b)

        { retrun (a+b); }

17. 若有以下函数定义，则 myfun 函数值的类型是____。

myfun(double a, int n)

{…… }

    A. void   B. double

    C. int   D. char

18. 若各选项中所用变量已正确定义，函数 fun() 中通过 return 语句返回一个函数值。以下选项中错误的程序是____。

    A. double fun(int a,int b)

        {…… }

        main()

        { ⋮

          fun(i,k);

          ⋮

        }

    B. main()

        {

          printf("%f\n",fun(2,10));

          ⋮

        }

        double fun(int a,int b)

        { …… }

    C. double fun(int, int);

        main()

        { ⋮

          x=fun(i,k);

          ⋮

        }

        double fun(int a,int b)

        { …… }

D.   main()
```
        { double fun(int i,int y);
              ⋮
            x=fun( i,k );
              ⋮
        }
        double fun(int a,int b)
        { ……}
```

19. 以下叙述中正确的是____。

A. 在函数中必须要有 return 语句

B. 在函数中可以有多个 return 语句，但只执行其中的一个

C. return 语句中必须要有一个表达式

D. 函数值并不总是通过 return 语句传回调用处

20. 以下程序运行后的输出结果是____。

```c
#include <stdio.h>
float fun(int x,int y)
{ return(x+y);
}
main()
{int a=2,b=5,c=8;
printf("%3.0f \ n",fun((int)fun(a+c,b),a-c));
}
```

A. 编译出错   B. 9   C. 21   D. 9.0

21. 以下对 C 语言函数有关描述中，正确的是____。

A. 调用函数时，只能把实参的值传送给形参，形参的值不能传给实参

B. C 语言的函数既可以嵌套定义又可以递归调用

C. 函数必须有返回值，否则不能使用函数

D. 程序中有调用关系的所有函数必须放在同一源程序文件中

22. 以下叙述中不正确的是____。

A. 在不同的函数中可以使用相同名字的变量

B. 函数中的形式参数是局部变量

C. 在一个函数内定义的变量

D. 在一个函数内的复合语句中定义的变量在本函数范围内有效

23. 以下 4 行代码定义了求两数之和的函数，其中，行____是错误的。

A. void add（float a，float b）   B. {float c;

C. c=a+b   D. return c;   }

24. C 语言中，函数值类型的定义可以为默认，此时函数值的隐含类型是____。

A. void   B. int

C. float   D. double

25. 以下正确的函数声明语句是____。

A. double fun(int x;y);   B. double fun(int x; int y);

C. double fun(int x, Int y);   D. double fun(int x,y);

26. 如果在一个函数中的复合语句中定义了一个变量，则该变量_____。

    A. 只在该复合语句中有效　　　　　　B. 在该函数中有效

    C. 在本程序范围内均有效　　　　　　D. 为非法变量

27. 下列程序的输出结果为_____。

```
int MyFunction(int);
int main(void)
{ int entry=12345;
printf("%5d",MyFunction(entry));
return 0;      }
int MyFunction(int Par)
{ int result;
result=0;
do{
  result=result*10+Par%10;
  Par/=10;}while(Par);
return result;       }
```

    A. 12345　　　　　B. 543　　　　　　C. 5432　　　　　D. 54321

28. int m=13;

```
int fun2(int x,int y)
{ int m=3;
 return(x*y-m);   }
int main (void)
{ int a=7,b=5;
 printf("%d\n",fun2(a,b)/m);
 return 0;      }
```

    A. 1　　　　　　　B. 2　　　　　　　C. 3　　　　　　　D. 10

29. 下列程序的输出结果是_____。

```
int fun3 ( int x )
{ stctic int a=3;
 a+=x;
return(a);   }
int main(void)
{ int k=2,m=1,n;
 n=fun3(k);  n=fun3(m);
 printf("%d\n",n);
 return 0;        }
```

    A. 3　　　　　　　B. 4　　　　　　　C. 6　　　　　　　D. 9

30. 下列程序的运行结果为_____。

```
int x1=30,x2=40;
void sub(intx,int y)
{  x1=x;  x=y;  y=x1;  }
int main(void)
{  int x3=10,x4=20;
 sub(x3,x4);
 sub(x2,x1);
 printf("%d,%d,%d,%d\n",x3,x4,x1,x2);
 return 0;        }
```

    A. 10,20,40,40　　　　　　　　　　B. 10,20,30,40

    C. 10,20,40,30　　　　　　　　　　D. 20,10,30,40

6.3 程序设计

1. 编写函数 fun()，实现功能：根据公式 s=1+1/(1+2)+1/(1+2+3)+…+1/(1+2+3+4+…+n)计算 s，计算结果作为函数值返回；n 通过形参传入。

2. 编写一个函数 fun()，功能是：根据公式 p=m!/n!(m-n)!求 P 的值，结果由函数值带回。m 与 n 为两个正整数，且要求 m>n。

3. 有 5 个人坐在一起，问第 5 个人多少岁，他说比第 4 个人大 2 岁。问第 4 个人岁数，他说比第 3 个人大 2 岁。问第 3 个人，又说比第 2 人大两岁。问第 2 个人，说比第一个人大两岁。最后问第一个人，他说是 10 岁。请问第 5 个人多大？

4. 编写函数 fun()，实现功能：利用简单迭代方法求方程 cos(x)-x=0 的一个实根。

5. 请编写一个函数 unsigned fun(unsigned w)，其中，w 是一个大于 10 的无符号整数，若 w 是 n(n≥2)位的整数，则函数求出 w 后 n-1 位的数作为函数值返回。

6. 请编写一个函数 float fun(double h)，函数的功能使对变量 h 中的值保留 2 位小数，并对第三位进行四舍五入（规定 h 中的值为正数）。

7. 请编写一个函数 fun()，实现功能根据以下公式求 X 的值（要求满足精度 0.0005，即某项小于 0.0005 时停止迭代）。

X/2=1+1/3+1×2/3×5+1×2×3/3×5×7+1×2×3×4/3×5×7×9+…+1×2×3×…×n/3×5×7×(2n+1)

8. 求 3 个数中最大数和最小数的差值。

9. 求 n 的阶乘。

10. 求方程 ax²+bx+c=0 的根，用 3 个函数分别求当 b²-4ac 大于零、等于零和小于零时的根，并输出结果。从主函数输入 a、b、c 的值。

11. 利用递归方法求 5!

参考答案

填空题

1. 形式参数　实际参数
2. 函数说明部分　函数体部分
3. 2
4. 677
5. 调用函数
6. 已存在的
7. int 或整
8. fac/i
9. 3,2,2,3
10. n=1　s
11. 4 3 3 4
12. 010111212
13. return 0　　return 1

选择题

1. B　2. A　3. C　4. D　5. A　6. A　7. B　8. B　9. B

10. A   11. B   12. A   13. B   14. D   15. A   16. D   17. C   18. B

19. B   20. B   21. A   22. D   23. A   24. B   25. C   26. A   27. D

28. B   29. C   30. A

程序设计

1. 编写函数 fun()，实现功能：根据公式 s=1+1/(1+2)+1/(1+2+3)+…+1/(1+2+3+4+…+n)计算 s，计算结果作为函数值返回；n 通过形参传入。相关程序代码如下。

```
float fun(int n)
{int i;
    float s=1.0,t=1.0;
    for (i=2;i<=n;i++)
    {t=t+i;
        s=s+1/t;}
    return s;
}
```

2. 编写一个函数 fun()，实现功能：根据公式 p=m!/n!(m−n)!求 P 的值，结果由函数值带回。m 与 n 为两个正整数，且要求 m>n。

```
float fun(int m,int n)
{float p,t=1.0;
    int i;
    for (i=1;i<=m;i++)
        t=t*i;
    p=t;
    for (t=1.0,i=1;i<=n;i++)
        t=t*i;
    p=p/t;
    for(t=1.0,i=1;i<m-n;i++)
        t=t*i;
    p=p/t;
    return p;
}
```

3. 有 5 个人坐在一起，问第 5 个人多少岁，他说比第 4 个人大 2 岁。问第 4 个人岁数，他说比第 3 个人大 2 岁。问第 3 个人，又说比第 2 人大两岁。问第 2 个人，说比第一个人大两岁。最后问第一个人，他说是 10 岁。请问第 5 个人多大？

根据上述描述，程序设计如下。

```
age(n)
int n;
{
int c;
if(n==1) c=10;
else c=age(n-1)+2;
return(c);
}
main()
{ printf("%d",age(5));
}
```

4. 编写函数 fun()，实现功能：利用简单迭代方法求方程 cos(x)−x=0 的一个实根。

迭代步骤如下。

（1）取 x1 初值为 0.0。

（2）x0=x1，把 x1 的值赋给 x0。

（3）x1=cos(x0)，求出一个新的 x1。

（4）若 x0-x1 的绝对值小于 0.000001，则执行步骤（5），否则执行步骤（2）。

（5）所求 x1 就是方程 cos(x)-x=0 的一个实根，作为函数值返回。

按照上述步骤，设计程序代码如下。

```
folat fun()
{float x1=0.0,x0;
   do
   {x0=x1;
   x1=cos(x0); }
    while (fabs(x0-x1)>=1e-6);
   return x1;
}
```

5. 请编写一个函数 unsigned fun(unsigned w)，其中 w 是一个大于 10 的无符号整数，若 w 是 n(n≥2)位的整数，则函数求出 w 后 n-1 位的数作为函数值返回。相关程序代码如下。

```
unsigned fun(unsigned w)
{unsigned t,s=0,s1=1,p=0;
   t=w;
   while(t>10)
   {if(t/10)
   p=t%10;
   s=s+p*s1;
   s1=s1*10;
   t=t/10;
}
   return s;
}
```

6. 请编写一个函数 float fun(double h),函数的功能使对变量 h 中的值保留 2 位小数，并对第三位进行四舍五入（规定 h 中的值为正数）。相关程序代码如下。

```
float fun (float h)
{long t;
   float s;
   h=h*1000;
   t=(h+5)/10;
   s=(float)t/100.0;
   return s;
}
```

7. 请编写一个函数 fun()，它的功能是：根据以下公式求 X 的值（要求满足精度 0.0005，即某项小于 0.0005 时停止迭代）：

X/2=1+1/3+1×2/3×5+1×2×3/3×5×7+1×2×3×4/3×5×7×9+…+1×2×3×…×n/3×5×7×(2n+1)

相关程序代码如下。

```
double fun(double eps)
{double s;
   float n,t,pi;
   t=1;pi=0;n=1.0;s=1.0;
   while((fabs(s))>=eps)
   {pi+=s;
   t=n/(2*n+1);
   s*=t;
   n++;}
   pi=pi*2;
   return pi;
}
```

8. 求 3 个数中最大数和最小数的差值。

```c
#include <stdio.h>
int dif(int x,int y,int z);
int max(int x,int y,int z);
int min(int x,int y,int z);
void main()
{
 int a,b,c,d;
 scanf("%d%d%d",&a,&b,&c);
 d=dif(a,b,c);
 printf("Max-Min=%d\n",d);
}
int dif(int x,int y,int z)
{
return max(x,y,z)-min(x,y,z); }
int max(int x,int y,int z)
{
int r;
 r=x>y?x:y;
 return(r>z?r:z);
}
int min(int x,int y,int z)
{
  int r;
  r=x<y?x:y;
  return(r<z?r:z);
}
```

9. 求 n 的阶乘的相关代码如下。

```c
#include <stdio.h>
int fac(int n)
{
 int f;
 if(n<0)  printf("n<0,data error!");
 else if(n==0||n==1)   f=1;
 else f=fac(n-1)*n;
 return(f);
}
main()
{
 int n, y;
 printf("Input a integer number: ");
 scanf("%d",&n);
 y=fac(n);
 printf("%d! =%15d",n,y);
}
```

10. 求方程 $ax^2+bx+c=0$ 的根，用 3 个函数分别求当 b^2-4ac 大于零、等于零和小于零时的根，并输出结果。从主函数输入 a、b、c 的值。相关程序代码如下。

```c
#include<stdio.h>
#include<math.h>
float x1,x2,disc,p,q;            /*全局变量*/
void min( )
{void greater_than_zero(float,float);
```

```
void epual_to_zreo(float,float);
void smaller_than_zreo(float,float);
float a,b,c;
printf("\n input a,b,c:");
scanf("%f,%f,%f",&a,&b,&c);
printf("equation:%5.2f*x*x+%5.2f*x+%5.2f=0\n",a,b,c);
disc=b*b-4*a*c;
printf("root:\n");
if (disc>0)
{
greater_than_zreo(a,b);
prinrf("xl=%f\t\tx2=%f\n",x1,x2);
}
else if (disc = = 0)
{equal_to_zero(a,b);
printf("xl=%f\t\tx2=%f\n",x1,x2);
}
else
{smaller_than_zero(a,b);
printf("xl=%f+%fi\tx2=%f-%fi\n",p,q,p,q);
}
}
void greater_than_zero(float a,float b)  /*定义一个函数, 用来求 disc>0 时方程的根*/
{xl=(-b+sqrt(disc))/(2*a);
x2=(-b-sqrt(disc))/(2*a);
}
void equal_to_zero(float a,float b)  /*定义一个函数, 用来求 disc=0 时方程的根*/
{
x1=x2=(-b)/(2*a);
}
void smaller_than_zero(float a,float b)  /*定义一个函数, 用来求 disc<0 时方程的根*/
{
p=-b/(2*a);
q=sqrt(-disc)/(2*a);
}
```

11. 利用递归方法求 5!的代码如下。

```
#include "stdio.h"
main()
{
int i;
int fact();
for(i=0;i<5;i++)
   printf("\40:%d!=%d\n",i,fact(i));
}
int fact(j)
int j;
{
int sum;
if(j==0)
   sum=1;
else
   sum=j*fact(j-1);
return sum;
}
```

第 7 章　数组

7.1　填空题

1. 在 C 语言中，一维数组元素在内存中的存放顺序是_____。

2. 若有定义 "double x[3][5];"，则 x 数组中行下标的下限为_____，列下标的上限为_____。

3. 若有定义 "int [3][4]={{1,2},{0},{4,6,8,10}};"，则初始化后，a[1][2]得到的初值是_____，a[2][1]得到的初值是_____。

4. 在一维数组的定义为：类型说明符　数组名　[　常量表达式　]；其中，常量表达式的值为_____，而非数组下标的最大值。

5. 一维数组的初始化时，当初值个数少于数组元素个数时，多余的元素被赋予_____值。

6. C 语言中没有字符串变量的概念，对字符串变量的处理是通过_____或字符型指针实现的。

7. 设有定义语句 "int a[][3]={{0},{1},{2}};"，则数组元素 a[1][2]的值为_____。

8. 下列程序的输出结果是_____。

```
int main(void)
{ char  b[]="Hello,you";
 b[5]=0;
 printf("%s\n",b);
 returm0;    }
```

9. 若有定义句 "char s[100],d[100];int j=0，i=0;"，且 s 中已赋字符串，请填空以实现字符串复制的功能（注：不得使用逗号表达式）。

```
while(s[i]){  d[j]=_____; j++;    }
d[j]=0;
```

10. 下列程序的输出结果是_____。

```
 int main(void)
{ int a[4][4]={{1,2, -3, -4}, {0, -12, -13,14}, {-21,23,0, -24}, {-31,32,-33,0};
  int i,j,s=0;
  for(i=0;i<4;j++)
{  for(i=0;i<4;j++)
 {  if(a[i][j]<0) continue;
   if(a[i][j]==0)break;
   s+=a[i][j];    }
}
 Printf("%d\n,s");
 return 0;    }
```

11. 以下程序的输出结果是_____。

```
#include <stdio.h>
void main(void)
{
  int i,j,a[][3]={1,2,3,4,5,6,7,8,9}
  for(i=0;i<3;j++)    a[j][i]=0;
  for(i=0;i<3;i++)
  {
```

```
    for(j=0;j<3;j++)   promyf("%d   ", a[i][j]);
      printf("\n");
  }
  }
```

12. 下列程序的动能是：求出数组 x 中各相邻的两个元素和并依次存放到 a 数组中，然后输出。请填空。

```
        #include <stdio.h>
         void main(void)
          {
            int x[10],a[9],i;
            for(i=0;i<10;i++) scanf( "%d ",&x[i]);
            for(_____;i<10;i++)
               a[i-1]=x[i]+_____;
            for(i=0;i<9;i++)        printf( "%d",a[i]);
            printf( "\n");
            return 0;
          }
```

13. 以下程序的输出结果是_____

```
#include <stdio.h>
void main(void)
{
int p[7]={11,13,14,15,16,17,18};
int i=0,j=0;
while(i<7&&p[i]%2==1)  j+=p[i++];
printf("%d\n",j);
return 0;
}
```

14. 以下程序的输出结果是_____

```
#include <stdio.h>
void main(void)
{
int a[4][4]={{1,2,3,4},{5,6,7,8},{11,12,13,14},{15,16,17,18}};
int i=0,j=0,s=0;
while(i++<4)
{
if (i==2||i==4) continue;
j=0;
do{s+=a[i][j];j++;}while(j<4); }
printf("%d\n",s);
}
```

15. 以下程序从键盘读入 20 个数据到数组中，统计其中正数的个数，并计算它们之和。请填空。

```
#include <stdio.h>
void main(void)
{
int i, a[20],sum,count;
sum=count=0;
for(i=0;i<20;i++)
scanf("%d",_____);
for(i=0;i<20;i++)
if(a[i]>0)
{
count++;
    sum+=_____;}
```

```c
printf("sum=%d,count=%d\n",sum,count);
}
```

16. 以下程序的功能是输入一个字符串，输出其中所出现过的大写英文字母。如运算时输入字符串 "FONTNAME and FLIENAME"，则输出 "FONTAMEIL"。请填空。

```c
#include <stdio.h>
void main(void)
{
char x[80],y[26];int i,j,ny=0;
gets(x);
for(i=0;_____;i++)
if(x[i]>'A'_____x[i]<='Z')
{
for(j=0;j<ny;j++)
_____;
if(_____){y[ny]=x[i];    ny++;    }
}
for(i=0;i<ny;i++) printf ("%c",y[i]);
printf("\n")
}
```

17. 下面 rot()函数将 n 行 n 列的矩阵 A 转置为 a[n][n]。请填空。

```c
#define N 4
void rot(int a[][N])
{
int i,j,t;
for(i=0,i<N,i++)
    for(j=0,_____,j++)
{
t=a[i][j];
_____
a[j][i]=t;    }
}
```

18. 若变量 n 中的值为 24，则 prnt()函数共输出_____行，最后一行有_____个数。

```c
void prnt(int n,int aa[])
{
int i;
for(i=1;i<n;i++)
{
printf("%6d",aa[i]);
if(!(i%5))  printf("\n");}
printf("\n"); }
```

19. 下列程序要按下列形式输出数组右上半三角。请填空。

```
1   2   3   4
    6   7   8
       11  12
           16
```

```c
#include <stdio.h>
void main(void)
{
int num [4][4]=
{{1,2,3,4}{5,6,7,8}{9,10,11,12}{13,14,15,16}}i.j;
for(i=0;i<4,i++)
{
```

```
for(j=0,j<i,j++)
printf("%4c",'  ')
for(j=_____  ;j<4;j++)
printf("%4d",num[i][j]);
printf("\n");
}
}
```

20. 输入一个正整数 n(1<n≤10)，再输入 n 个整数 x，然后在数组中查找，如果找到，输出相应的最小下标。

```
#include <stdio.h>
void main(void)
{int i,index 0,n,x,a[10];
scanf("%d",&n);
for(i=0;i<n;i++)
  scanf("%d",&a[i]);
for(i=0;i<n;i++)
scanf("%d",_____ );
for(i=0;i<n;i++)
  for(j=0;i<n;j++)
    if((a[i]==x[j])&&(index>i))
        index=i;
{
printf("最小下标%d\n",index);
}
```

7.2 选择题

1. 下列程序的输出结果是____。

```
int main (void)
    {int a[3][3]={{1.2},{3,4, {5, 6}}, i, j, s=0;
        for (i=1; i<3,i++)
            for(j=0;j<=I,j++)
                S+=a[i][j]
        printf ("%d\n", s)
    return 0:  }
```

A. 18　　　　　　B. 19　　　　　　C. 20　　　　　　D. 21

2. 下列程序的输出结果是____。

```
int main (void)
    { int k; char w[][10]={"ABCD", "EFJH", "IJKL", "MNOP"};
        for ( k=1;k<3;k++)
                printf("%s\n",w[k]);
return 0:   }
```

A. ABCD　　　　B. ABCD　　　　C. EFG　　　　D. EFGH
　　FGH　　　　　　EFGH　　　　　JKL　　　　　　IJKL
　　KL　　　　　　　IJKL

3. 下列程序的输出结果是____。

```
int main (void)
  {int m[][3]={1,4,7,2,5,8,3,6,9};
     int i,j,k=2;
     for(i=0;i<3;i++)
```

```
            printf("%d",m[k][i]);
        return 0;    }
```

A. 4 5 6   B. 2 5 8   C. 3 6 9   D. 7 8 9

4. 下列程序的输出结果是____。

```
int main (void)
    {int a[4][4]={{1,4,3,2},{8,6,5,7},{3,7,2,5},{4,8,6,1}},i,j,k,t;
        for(i=0;i<4; i++)
        for (j=0;j<3;j++)
        for(k=j+1;k<4;k++)
         if(a[j][i]>a[k][i]){
                t=a[j][i];a[j][i]=a[k][i];a[k][i]=t;}  /*按顺序排列*/
        for(i=0; i<4;i++)   printf("%d",a[i][i]; );
        return 0; }
```

A. 1,6,5,7   B. 8,7,3,1   C. 4,7,5,2   D. 1,6,2,1

5. 下列程序的输出结果是____。

```
int main (void)
{ int s[12]={1,2,3,4,4,3,2,1,1,1,2,3,},c[5]={0},i;
    for(i=0;i<12;i++)   c[s[i]]++;
    for(i=1;i<5;i++)   printf ( "%d",c[i])
    printf("\n");
 return 0; }
```

A. 1 2 3 4   B. 2 3 4 4   C. 4 3 3 2   D. 1 1 2 3

6. 在 C 语言中，引用数组元素时，其数组下标的数据类型允许是____。

     A. 整型常量   B. 整型表达式

     C. 整型常量或整型表达式   D. 任何类型的表达式

7. 在 C 语言中，一维数组的定义方式为：类型说明符　数组名____。

     A. [常量表达式]   B. [整形表达式]

     C. [整型常量]或[整型表达式]   D. [整型常量]

8. 以下能对一维数组 a 进行正确初始化的语句是____。

     A. int a[10]=(0,0,0,0,0)   B. int a[10]={}

     C. int a[ ]={0};   D. int a[10]={10*1};

9. 以下对二维数组 a 的正确说明是____。

     A. int a[3][];   B. float a(3,4);   C. double a[1][4];   D. float a(3)(4);

10. 若有说明"int a[3][4];"，则对 a 数组元素的正确引用是____。

     A. a[2][4]   B. a[1,3]   C. a[1+1][0]   D. a(2)(1)

11. 若有说明"int a[3][4];"，则对 a 数组元素的非法引用是____。

     A. a[0][2*1]   B. a[1][3]   C. a[4-2][0]   D. a[0][4]

12. 以下能对二维数组 a 进行正确初始化的语句是____。

     A. int a[2][]={{1,0,1},{5,2,3}};   B. int a[][3]={{1,2,3},{4,5,6}};

     C. int a[2][4]={{1,2,3},{4,5},{6}};   D. int a[2][3]={{1,0,1},{},{1,1}};

13. 若有说明"int a[3][4]={0};"，则下面正确的叙述是____。

     A. 只有元素 a[0][0]可得到初值 0

     B. 此说明语句不正确

C. 数组 a 中各元素都可得到初值，但其值不一定为 0

D. 数组 a 中每个元素均可得到初值 0

14. 以下各组选项中，均能正确定义二维实型数组 a 的选项是____。

A. float   a[3][4];

   float   a[ ][4];

   float   a[3][ ]={{1},{0}};

B. float   a(3,4);

   float   a[3][4];

   float   a[ ][ ]={{0},{0}};

C. float   a[3][4];

   static   float   a[ ][4]={{0},{0}};

   auto   float   a[ ][4]={{0},{0},{0}};

D. float   a[3][4];

   float   a[3][ ];

   float   a[ ][4];

15. 下面程序（每行程序前面的数字表示行号），则____。

```
1  main()
2  {
3  int  a[3]={3*0};
4  int  i;
5  for(i=0;i<3;i++)  scanf("%d",&a[i]);
6  for(i=1;i++)  a[0]=a[0]+a[i];
7  printf("%d\n",a[0]);
```

A. 没有错误   B. 第 3 行有错误   C. 第 5 行有错误   D. 第 7 行有错误

16. 若二维数组 a 有 m 列，则计算任一元素 a[i][j] 在数组中位置的公式为（假设 a[0][0] 位于数组的第一个位置上）____。

A. i*m+j   B. j*p+I   C. i*m+j-1   D. i*m+j+1

17. 以下不正确的定义语句是____。

A. double   x[5]={2.0,4.0,6.0,8.0,10.0};   B. int   y[5]={0,1,3,5,7,9};

C. char   c1[]={'1','2','3','4','5'};   D. char   c2[]={'\x10','\xa','\x8'};

18. 以下语句的输出结果是____。

```
int  k;
int  a[3][3]={1,2,3,4,5,6,7,8,9};
for(k=0;k<3;k++)  printf("%d",a[k][2-k]);
```

A. 3 5 7   B. 3 6 9   C. 1 5 9   D. 1 4 7

19. 以下程序段的功能是____。

```
int  a[]={4,0,2,3,1},i,j,t;
for(i=1;i<5;i++)
{t=a[i];j=i-1;
while(j>=0&&t>a[j])
{a[j+1]=a[j];j--;}
```

A. 对数组 a 进行插入排序(升序)   B. 对数组 a 进行插入排序(降序)

C. 对数组 a 进行选择排序(升序)   D. 对数组 a 进行选择排序(降序)

20. 以下正确的定义语句是____。

A. int   a[1][4]={1,2,3,4,5};

B. float   x[3][]={{1},{2},{3}};

C. long   b[2][3]={{1},{1,2},{1,2,3}};

D. double   y[][3]={0};

21. 若有说明 "int a[][3]={1,2,3,4,5,6,7};"，则 a 数组第一维的大小是____。

A. 2   B. 3   C. 4   D. 无确定值

22. 对以下说明语句的正确理解是____。

```
int a[10]={6,7,8,9,10};
```

   A. 将 5 个初值依次赋给 a[1]至 a[5]

   B. 将 5 个初值依次赋给 a[0]至 a[4]

   C. 将 5 个初值依次赋给 a[6]至 a[10]

   D. 因为数组长度与初值的个数不相同，所以此语句不正确

23. 以下不能对二维数组 a 进行正确初始化的语句是____。

   A. int a[2][3]={0};   B. int a[][3]={{1,2,3},{4,5,6}};

   C. int a[2][4]={{1,2,3},{4,5}{6}}; D. int a[][3]={{1,0,1},{},{1,1}};

24. 下面程序的运行结果是____。

```
main()
{int a[6][6],i,j;
for(i=1;i<6;i++)
for(j=1;j<6;j++)
a[i][j]=(i/j)*(j/i);
for(i=1;i<6;i++)
{for(j=1;j<6;j十十)
printf("%2d",a[i][j]);
printf("\n");}
}
```

   A. 11111   B. 00001   C. 10000   D. 10001
      11111   00010   01000   01010
      11111   00100   00100   00100
      11111   01000   00010   01010
      11111   10000   00001   10001

25. 下面是对 s 的初始化，其中不正确的是____。

   A. char s[5]={"abc"}   B. char s[5]={'a','b','c'};

   C. char s[5]=""   D. char s[5]="abcdef";

26. 假定 int 类型变量占用两个字节，其有定义"int x[10]={0，2，4}"，则数组 x 在内存中所占的字节数是____。

   A. 3   B. 6   C. 10   D. 20

27. 以下数组定义中不正确的是____。

   A. int a[2][3]   B. int b[][3]={0,1,2,3}

   C. int c[100][100]={0}   D. int d[3][]={{1,2}{1,2,3},{1,2,3,4}}

28. 以下能正确定义数组并正确赋初值的语句为____。

   A. int N=5,b[N][N]   B. int a[1][2]={{1},{3}}

   C. int c[2][]={{1,2},{3,4}}   D. int d[3][2]={{1,2},{34}}

29. 下述对 C 语言字符数组的描述中错误的是____。

   A. 字符数组可以存放字符串

   B. 字符数组中的字符串可以整体输入、输出

   C. 可以在赋值语句中通过赋值运算符 "=" 对字符数组整体赋值

   D. 不可以用关系运算符对字符组中的字符串进行比较

30. 若有定义语句"int a[3][6];"，按在内存中的存放顺序，a 数组的第 10 个元素是____。

    A．a[0][4]   B．a[1][3]   C．a[0][3]   D．a[1][4]

7.3　程序设计

1. m 个人的成绩存放在 score 数组中，请编写实现以下功能的函数 fun()：将低于平均分的人作为函数值返回，将低于平均分的分数放在函数 below() 所指定的数组中。

2. 用数组求 Fibonacci 数列的前 20 项。Fibonacci 数列为：1、1、2、3、5、8、13、21…

3. 将一个二维数组的行、列元素互换，存到另一个数组中，如图 7-1 所示。

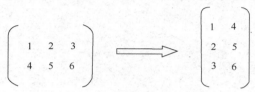

图 7-1　数组互换

4. 一个学习小组有 5 个人，每个人有 3 门课的考试成绩。求全组分科的平均成绩和各科总平均成绩。每人各科成绩如表 7-1 所示。

5. 读 10 个整数存入数组，找出其中最大值和最小值。

6. 用简单选择法对 10 个数排序。

7. 读入表 7-2 中的值到数组，分别求各行、各列及表中所有数之和。

表 7-1　　　　　　每人各科成绩

	Math	C	DBASE
张	80	95	92
王	61	65	71
李	59	63	70
赵	85	87	90
周	76	77	85

表 7-2　　　　　　　　　　　　　现存数据

12	4	6
8	23	3
15	7	9
2	5	17

8. 编一个程序，将两个字符串连接起来。要求此处不用 strcat() 函数。

9. 请编写函数 fun()，功能是：求出 1 到 1000 之内能被 7 或者 11 整除，但不能同时被 7 和 11 整除的所有正数，并将他们放在 a 所指的数组中，通过 n 返回这些数的个数。

10. 求一个 3*3 矩阵对角线元素之和。

11. 将一个数组逆序输出。

12. 打印出杨辉三角形（要求打印出 10 行）。

13. n 个人围成一圈，每人有一个各不相同的编号，选择一个人作为起点，然后顺时针从 1 到 k 数数，每数到 k 的人退出圈子，圈子缩小，然后从下一个人继续从 1 到 k 数数，重复上面过程。求最后推出圈子的那个人原来的编号。

参考答案

填空题

1. 按行优先顺序存放

2. 0 4

3. 0 6

4. 元素的长度

5. 0

6. 字符型数组

7. 0

8. Hello

9. S[i++]

10. 58

11. 1 2 3 0 5 6 0 0 9

12. i=1 x[i-1]

13. 24

14. 92

15. &a[i] a[i]

16. x[i]!='\0' && if(y[j]==x[i]) break j==ny

17. j<i a[i][j]=a[j][i]

18. 5 4

19. i

20. &a[i] index=-1 break

选择题

1. A   2. D   3. C   4. A   5. C   6. C   7. A   8. C   9. C

10. C   11. D   12. B   13. D   14. C   15. A   16. D   17. B   18. A

19. B   20. D   21. B   22. B   23. C   24. C   25. D   26. D   27. D

28. D   29. C   30. B

程序设计

1. m 个人的成绩存放在 score 数组中,请编写函数 fun(),它的功能是:将低于平均分的人作为函数值返回,将低于平均分的分数放在 below 所指定的数组中。相关程序代码如下。

```
int fun(int score[],int m,int below[])
{int i,k=0,aver=0;
for(i-0;i<m;i++)
    aver+=score[i];
aver/=m;
for(i=0,i<m;i++)
    if(score[i]<aver)
    {below[k]=score[i];
       k++;}
return k;}
```

2. 用数组求 Fibonacci 数列的前 20 项,Fibonacci 数列为:1、1、2、3、5、8、13、21… 相关程序代码如下。

```
#include"stdio.h"
main()
{ int i;
 int f[20]={1,1};
 for (i=2;i<20;i++)
 f[i]=f[i-1]+f[i-2];
```

```
for (i=2;i<20;i++)
{ if(i%5= =0) printf("\n");
  printf("%12d",f[i]);
    }
```

3. 将一个二维数组的行、列元素互换，存到另一个数组中。相关程序代码如下。

```
#include"stdio.h"
main()
{ static int a[2][3]={{1,2,3},{4,5,6}},b[3][2],i,j;
  printf("array a:\n");
 for(i=0;i<=1;i++)
     {for(j=0;j<=2;j++)
             { printf("%5d",a[i][j]);
         b[j][i]=a[i][j]; }
         printf("\n");
     }
  printf("array b:\n");
  for(i=0;i<=2;i++)
     {for(j=0;j<=1;j++)
             printf("%d",b[i][j]);
       printf("\n");
          }
}
```

4. 一个学习小组有 5 个人，每个人有三门课的考试成绩。求全组分科的平均成绩和各科总平均成绩。

可设一个二维数组 a[5][3]存放 5 个人 3 门课的成绩。再设一个一维数组 v[3]存放所求得各分科平均成绩，设变量 av 为全组各科总平均成绩。编程如下。

```
#include"stdio.h"
main()
{ int i,j,s=0,av,v[3],a[5][3];
printf("input score\n");
  for(i=0;i<3;i++)
{
     for(j=0;j<5;j++)
  { scanf("%d",&a[j][i]);
     s=s+a[j][i]; }
 v[i]=s/5;
 s=0;
 }
av=(v[0]+v[1]+v[2])/3;
printf("math:%d\n",v[0]);
printf("c languag:%d\n",v[1]);
printf("dbase:%d\n",v[2]);
printf("total:%d\n",av);
}
```

5. 读 10 个整数存入数组，找出其中最大值和最小值。相关程序代码如下。

```
#include <stdio.h>
#define SIZE 10
main()
{ int x[SIZE],i,max,min;
  printf("Enter 10 integers:\n");
  for(i=0;i<SIZE;i++)
  { printf("%d:",i+1);
 scanf("%d",&x[i]);
   }
```

```
        max=min=x[0];
        for(i=1;i<SIZE;i++)
        {  if(max<x[i])  max=x[i];
           if(min>x[i])  min=x[i];
        }
        printf("Maximum value is %d\n",max);
        printf("Minimum value is %d\n",min);
    }
```

6. 用简单选择法对 10 个数排序。相关程序代码如下。

```
#include <stdio.h>
main()
{ int a[11],i,j,k,x;
    printf("Input 10 numbers:\n");
    for(i=1;i<11;i++)
        scanf("%d",&a[i]);
    printf("\n");
    for(i=1;i<10;i++){
    k=i;
        for(j=i+1;j<=10;j++)
        if(a[j]<a[k])  k=j;
        if(i!=k)
    {
    x=a[i]; a[i]=a[k]; a[k]=x;
    }
    }
    printf("The sorted numbers:\n");
    for(i=1;i<11;i++)
    printf("%d ",a[i]);
}
```

7. 将表中数值存放于数组并计算各行、各列及表中所有数之和的程序代码如下。

```
#include <stdio.h>
main()
{ int x[5][4],i,j;
    for(i=0;i<4;i++)
        for(j=0;j<3;j++)
            scanf("%d",&x[i][j]);
    for(i=0;i<3;i++)
        x[4][i]=0;
    for(j=0;j<5;j++)
        x[j][3]=0;
    for(i=0;i<4;i++)
        for(j=0;j<3;j++)
        {  x[i][3]+=x[i][j];
            x[4][j]+=x[i][j];
            x[4][3]+=x[i][j];
        }
    for(i=0;i<5;i++)
    {   for(j=0;j<4;j++)
            printf("%5d\t",x[i][j]);
        printf("\n");
    }
}
```

8. 编一个程序，将两个字符串连接起来。不用 strcat()函数。相关程序代码如下。

```
#include <stdio.h>
void main(void)
{    char s1[80],s2[40];
```

```
int i=0,j=0;
scanf("%s",s1);
scanf("%s",s2);
while (s1[i]!='\0')
i++;
while (s2[j]!='\0')
s1[i++]=s2[j++];
s1[i]='\0';
printf("连接后的字符串为：%d",s1);
}
```

9. 请编写函数 fun()，它的功能是：求出 1 到 1000 之内能被 7 或者 11 整除，但不能同时被 7 和 11 整除的所有正数，并将他们放在 a 所指的数组中，通过 n 返回这些数的个数。相关程序代码如下。

```
void fun(int *a,int *n)
{
int i,j=0;
    for(i=2;i<1000;i++)
        if((i%7==0 || i%11==0))&& i%77!=0)
            a[j++]=i;
    *n=j;
}
```

10. 求 3*3 矩阵对角线元素之和的程序代码如下。

```
#include <stdio.h>
void main(void)
{
float a[3][3],sum=0;
int i,j;
printf("please input rectangle element:\n");
for(i=0;i<3;i++)
for(j=0;j<3;j++)
scanf("%f",&a[j]);
for(i=0;i<3;i++)
sum+=a[i][i];
printf("duijiaoxian he is %6.2f",sum);
}
```

11. 将一个数组逆序输出的程序代码如下。

```
#define N 5
#include <stdio.h>
void main(void)
{ int a[N]={9,6,5,4,1},i,temp;
printf("\n original array:\n");
for(i=0;i<N;i++)
printf("%4d",a);
for(i=0;i<N/2;i++)
{temp=a;
a=a[N-i-1];
a[N-i-1]=temp;
}
printf("\n sorted array:\n");
for(i=0;i<N;i++)
printf("%4d",a[i]);
}
```

12. 打印出杨辉三角形（要求打印出 10 行）的程序代码如下。

```
#include <stdio.h>
void main(void)
{int i,j;
int a[10][10];
printf("\n");
for(i=0;i<10;i++)
{a[i][0]=1;
a[i][i]=1;}
for(i=2;i<10;i++)
for(j=1;j<=i;j++)
   a[i][j]=a[i-1][j-1]+a[i-1][j];
   for(i=0;i<10;i++)
   {for(j=0;j<=i;j++)
   printf("%6d",a[i][j]);
   printf("\n");
   }
   printf("\n");
   }
```

13. n 个人围成一圈，每人有一个各不相同的编号，选择一个人作为起点，然后顺时针从 1 到 k 数数，每数到 k 的人退出圈子，圈子缩小，然后从下一个人继续从 1 到 k 数数，重复上面过程。求最后推出圈子的那个人原来的编号。

思路：按照上面的算法让人退出圈子，直到有 n-1 个人推出圈子，然后得到最后一个退出圈子的人的编号，坐成一圈的人的编号不需要按序排列。相关程序代码如下。

```
#define N 100
#include"stdio.h"
int yuesefu1(int data[],int sum,int k)
{
int i=0,j=0,count=0;
while(count<sum-1)
{
if(data[i]!=0) /*当前人在圈子里*/
j++;
if(j==k) /*若该人应该退出圈子*/
{
data[i]=0; /*0 表示不在圈子里*/
count++; /*退出的人数加 1*/
j=0; /*重新数数*/
}
i++; /*判断下一个人*/
if(i==sum) /*围成一圈*/
i=0;
}
for(i=0;i<sum;i++)
if(data[i]!=0)
return data[i]; /*返回最后一个人的编号*/
}
 void main()
{
int data[N];
int i,j,total,k;
printf("\nPlease input the number of every people.\n");
```

```
for(i=0;i<N;)  /*为圈子里的人安排编号*/
{
int input;
scanf("%d",&input);
if(input==0)
break;  /*0 表示输入结束*/
for(j=0;j<i;j++)  /*检查编号是否有重复*/
if(data[j]==input)
 break;
if(j>=i&&input>0)  /*无重复,记录编号,继续输入*/
{
data[i]=input;
i++;
}
else
printf("\nData error.Re-input:");
}
total=i;
printf("\nYou have input:\n");
for(i=0;i<total;i++)
{
if(i%10==0)
printf("\n");
printf("%4d",data[i]);
}
printf("\nPlease input a number to count:");
scanf("%d",&k);
printf("\nThe last one's number is %d",yuoseful(data,total,k));
}
```

第 8 章   地址和指针

8.1 填空题

1. _____是一个变量的地址，专门存放变量地址的变量叫_____。

2. 下列程序的运行结果是_____。

```
int x.y.z;
void p(int *x,int y)
{   --*x;
    y++;
    z=*x+y; }
int main(void)
{   x=5; y=2; z=0;
    p(&x,y);   printf("%d,%d,%d#",x,y,z);
    p(&y,x);   printf("%d,%d,%d#",x,y,z);
    return 0;
```

3. 下列程序的功能是：利用指针指向 3 个整型变量，并通过指针运算找出 3 个数中最大值，输出到屏幕上。请填空。

```
int main(void)
{   int x,y,z,max,*px,*py,*pz,*pmax;
```

```
    scanf("%d%d%d",&x,&y,&z);
    px=&x;py=&y;pz=&z,pmax=&max;
    _____;
    if(*pmax<*py)    *pmax=*py;
    if (*pmax<*pz)    *pmax=*pz;
    printf("max=%d\n",max);
    return 0;      }
```

4. 下面程序的输出结果是____。

```
int main(void)
{   int a[]={2,4,6},*prt=&a[0],x=8,y,z;
    for(y=0;y<3;y++)
          z=(*(prt+y)<x)?*(prt+y):x;
    printf("%d\n",z);
    return 0;  }
```

5. 以下函数的功能是删除字符串 s 中的所有数字字符。请填空。

```
void dele(char    *s)
{    int n=0,i;
     for(i=0;s[i];i++)
       if(____)    s[n++]=s[i];
       s[n]= ____ ;    }
```

6. 下面程序的输出结果是____。

```
void fun(char*a1,char*a2,int n)
{    int k;
     for(k=0;k<n;k++)
     a2[k]=(a1[k]-'A'-3+26)%26+'A';
     a2[n]='\0';        }
int main(void)
{   char s1[5]="ABCD",s2[5];
    fun(s1,s2,4);
    puts(s2);
    return 0;  }
```

7. 以下函数用来在 W 数组中插入元素 x，w 数组中的数已按由小到大的顺序存放，n 所指存储单元中存放数组中数据的个数，插入后数组中的数仍有序。请填空。

```
void fun(char*w,char x,int*n)
    {   int i,p=0;
    w[*n]=x;
    while(x>w[p])----------;
    for(i=*n;i>p;i--)w[i]=-----------;
    w[p]=x;    ++*n
```

8. 定义一个返回整型的函数的指针 p，应写为_____。

9. 按变量地址访问变量的方法叫_____，通过存放变量地址的变量去访问变量的方法叫_____。

10. 下面程序运行后输入 g，运行结果为____。

```
int main(void)
{   int i;
    char s[ ]="programming!",ch;
    printf("%d\n,",sizeof(s));
    ch=getchar( );
    for(i=0;i<strlen(s);i++)   {
     if(s[i]==ch){strcpy(s,s+i);puts(s);break;      }
```

```
      }
   return 0
   }
```

11. 已知函数 isalpha(*ch*)的功能是判断变量 *ch* 是否是字母，若是则函数值为 1，否则为 0。下面程序的输出是____。

```
void fun4(char str[])
{ int i,j;
   for(i=0,j=0,str[i];i++)
       if(isalpha(str[i]))str[j++]=str[i];
   str[j]='\0';      }
 int main(void)
 { char ss[80]="It is!";
  fun4(ss);
  ptintf("%s\n",ss);    return 0;  }
```

12. 以下程序的功能是将字符串 s 中的数字字符放入 d 数组中，最后输出 d 中的字符串，例如，输入字符串 abc123edf456gh，执行程序后输出 123456。请填空。

```
int main(void)
{   char s[80];int i,j;
    gets(s);
  for(i=j=0;s[i]!='\0';i++;    }
   if(____ ){   d[j]=s[i];j++}
   d[j]='\0';   puts(d);    return 0;    }
```

13. 以下程序的功能是：将无符号八进制数字构成的字符串转换为十进制整数，如输入的字符串为 556，则输出十进制整数 366。请填空。

```
int main(void)
{   char *p,s[6];
    int  n;
    p=s;  gets(p);
    n=*p-'0';
    while(____ !='\0')  n=n*8+*p-'0';
    printf("%d\n",n);   return 0;      }
```

14. 以下程序的输出结果是____。

```
int main(void)
 { char a[ ]="123456789",*p=a;int i=0;
   while(*p)
   {if(i%2==0)*p='*';
   p++;i++  }
   puts(a);    return 0;   }
```

15. 以下程序运行后输入 "3,abcde<回车>"，则输出结果是____。

```
void move(char *str,int n)
{char temp; int i;
 temp=str[n-1];
 for(i=n-1;i>0;i--)   str[i]=str[i-1];
 str[0]=temp;     }
 int main(void)
 { char  s[50];   int n,i,z;
   scanf("%d,%s",&n,s)
   z=strlen(s);
   for(i=1;i<=n;i++)  move(s,z);
printf("%s\n",s);
return 0;   }
```

8.2 选择题

1. 设已有定义 "float x;" ，则以下对指针变量 p 进行定义且赋初值的语句中正确的是____。

    A. float　*p=1024;　　　　　　　　B. int　*p=(float x);

    C. float　p=&x;　　　　　　　　　　D. float *P=&x;

2. 定义 int*swap()指的是____。

    A. 一个返回整型值的函数 swap()

    B. 一个返回指向整型值指针的函数 swap()

    C. 一个指向函数 swap()的指针，函数返回一个整型值

    D. 以上说法均错

3. 有以下程序段

```
main()
{ int a=5, *b, **c;
c=&b;    b=&a;
......
}
```

程序在执行了 "c=&b;b=&a;" 语句后，表达式 "**c" 的值是____。

    A. 变量 a 的地址　　　　　　　　　　B. 变量 b 中的值

    C. 变量 a 中的值　　　　　　　　　　D. 变量 b 的地址

4. 以下程序的输出结果是____。

```
# include<stdlib.h>
struct NODE{
int num;
struct NODE *next;
};
main()
{struct NODE *p,*q,*r;
int sum=0;
p=(struct NODE*)malloc(sizeof(struct NODE));
q=(struct NODE*)malloc(sizeof(struct NODE));
r=(struct NODE*)malloc(sizeof(struct NODE));
p->num=1;q->num=2;r->num=3;
p->next=q;q->next=r;r->next=NULL;
sum+=q->next->num;sum+=p->num;
printf("%d \ n",sum);
}
```

    A. 3　　　　　　　　B. 4　　　　　　　　C. 5　　　　　　　　D. 6

5. 以下程序的输出结果是____。

```
main()
{char *s1,*s2,m;
s1=s2=(char*)malloc(sizeof(char));
*s1=15;
*s2=20;
m=*s1+*s2;
printf("%d\n",m);
}
```

    A. 40　　　　　　　　B. 30　　　　　　　　C. 35　　　　　　　　D. 20

6. 以下语句的输出结果是_____。

```
int **pp,*p,a=10,b=20;
pp=&p;p=&a;p=&b;printf("%d,%d\n",*p,**pp);
```

  A. 10,10   B. 10,20   C. 20,10   D. 20,20

7. 若有定义 "int *p[3];"，则以下叙述中正确的是_____。

  A. 定义了一个基类型为 int 的指针变量 p，该变量具有 3 个指针

  B. 定义了一个指针数组 p，该数组含有 3 个元素，每个元素都是基类型为 int 的指针

  C. 定义了一个名为*p 的整型数组，该数组含有 3 个 int 类型元素

  D. 定义了一个可指向一维数组的指针变量 p，所指一维数组应具有 3 个 int 类型元素

8. 如下程序段的输出结果是_____。

```
char str[]="ABCD",*p=str;
printf("%d\n",*(p+4));
```

  A. 68   B. 0   C. 字符 "D" 的地址   D. 不确定的值

9. 指针变量 p 的基类型为 double，并已指向一连续存储区。若 p 中当前的地址值为 65490，则执行 p++后，p 中的值为_____。

  A. 65490   B. 65492   C. 65494   D. 65498

10. 定义了以下函数。

```
void f(......)
{......
*p=(double*)malloc(10*sizeof(double));
......
}
```

p 是该函数的形参，要求通过 p 把动态分配存储单元的地址传回主调函数，则形参 p 的正确定义应当是_____。

  A. double *p   B. float **p   C. double **p   D. float *p

11. 请选出以下程序的输出结果_____。

```
#include <stdio.h>
sub(x,y,z)
int x,y,*z;
{*z=y-x;}
main()
{ int a,b,c;
sub(10,5,&a);sub(7,a,&b);sub(a,b,&c);
printf("%d,%d,%d\n",a,b,c);
}
```

  A. 5,2,3   B. -5,-12,-7   C. -5,-12,-17   D. 5,-2,-7

12. 以下程序运行后的输出结果是_____。

```
intb=2;
int func(int*a)
{b+=*a;return(b);}
main()
{inta=2,res=2;
res+=func(&a);
printf("%d\n",res);
}
```

  A. 4   B. 6   C. 8   D. 10

13. 设有定义"int a,*p=&a,**pp=&p;"，则与"a=100;"等价的语句为_____。

    A. **p=100;   B. **pp=100;   C. &*p=100;   D. *pp=10;

14. 以下程序运行后，输出结果是_____。

```
ss(char *s)
{char *p=s;
while(*p)p++;
return(p-s);
}
main()
{char*a="abded";
int i;
i=ss(a);
printf("%d\n",i);
}
```

    A. 8   B. 7   C. 6   D. 5

15. 若有说明"int *p, m=5; n;"，则以下正确的程序段是_____。

    A. p=&m;   B. p=&n;

       scanf("%d",&p)   scanf("%d",&p)

    C. scanf("%d",&p)   D. p=&n;

       p=&n;   p=&m;

16. 指针变量 p 的基类型为 int，并已指向一连续存储区，若 p 中当前的地址值为 1234，则执行 p++后，p 中的值为_____。

    A. 1234   B. 1235   C. 1236   D. 1237

17. 若有以下定义和语句，则正确的叙述是_____。

```
double r=99, *p=7;
*p=r;
```

    A. 两处的*p 含义相同，都说明给指针变量 p 赋值 3

    B. 在"double r=99, *p=7; *p=r;"中，把 r 的地址赋给了 p 所指的存储单元

    C. 语句"*p=r;"把变量 r 的值赋给指针变量 p

    D. 语句"*p=r;"把变量 r 的值放到 p 中

18. 如下调用函数的返回值是_____。

```
int sub(int *t)
{ return(t);}
```

    A. 形参 t 中存放实参变量的地址值   B. 形参 t 自身的地址值

    C. 指针变量 t 所指的实参变量的值   D. 随机的值

19. 在下面关于指针的说法中，错误的一条是_____。

    A. 变量的指针就是变量的地址

    B. 可以将一个整型量或任何其他非地址类型的数据赋给一个指针变量

    C. 一个指针变量只能指向同一个类型的变量

    D. 指针变量中只能存放地址（指针）

20. 如下程序运行后的输出结果是_____。

```
void s(char *m,int n)
{*m=*m+3;n=n+3;
printf("%c,%c,",*m,n);}
main()
```

```
{char p='b',q='B';
s(&q,p);
printf("%c,%c \ n",p,q);}
```

  A. E,e,b,E   B. e,E,b,F   C. E,e,e,E   D. e,E,b,E

21. 设有以下定义 "int a=[10]={1,2,3,4,5,6,7,8,9,10},*p=&a[3],b;"，则执行 "b=p[5]；" 语句后变量 b 的值为____。

  A. 5   B. 6   C. 8   D. 9

22. 已有定义 "int a=[10], *p;"，则合法的赋值语句是____。

  A. p=100;   B. p=a[5];   C. p=a[2]+2; D. p=a+2;

23. 若有定义 "int n=2, *p=&n,q=p;"，则以下非法的赋值语句是____。

  A. p=q;   B. *p=*q;   C. n=*q;   D. p=n;

24. 以下程序的输出结果是____。

```
    int main(void)
{   int a=[10]={1,2,3,4,5,6,7,8,9,10},*p=&a[3],*q=p+2;
    printf("%d/n",*p+*q);
return 0;   }
```

  A. 16   B. 10   C. 8   D. 6

25. 下列叙述中错误的是____。

  A. 改变函数形参的值，不会改变对应实参的值

  B. 函数可以返回地址值

  C. 可以给指针变量赋一个整数作为地址值

  D. 当在程序的开头包含头文件 "stdio.h" 时，可以给指针变量赋 NULL

26. 以下程序的输出结果是____。

```
    void fun(int *x, int*y )
{   printf("%d/n", *x, *y);
  *x=3;
  *y=4;}
 int main(void)
{   int x=1,y=2;
    fun( &y,&x);
    printf("%d %d",x,y);
return 0;   }
```

  A. 2 1 4 3   B. 1 2 1 2   C. 1 2 3 4   D. 2 1 1 2

27. 以下程序的输出结果是____。

```
    void fun(char *a,char*b)
{   a=b;    (*a)++;   }
int main(void)
{char   c1='A', c2='a', *p1, *p2;
p1=&c1;
 p2=&c2;
 fun(p1,p2);
printf("%c %c\n",c1,c2);
return 0;}
```

  A. Ab   B. aa   C. Aa   D. Bb

28. 以下程序的输出结果是____。

```
void f(int *q)
{   int i=0;
```

```
        for(;i<5;i++)    (*q)++;}
    int main (void)
    {   int a=[5]={1,2,3,4,5}, i;
    f(a);
    for(i=0;i<5;i++)    printf("%d",a[i]);
    return 0; }
```

A. 2,2,3,4,5   B. 6,2,3,4,5   C. 1,2,3,4,5   D. 2,3,4,5,6

29. 以下程序的输出结果是____。

```
    int main (void)
    {   char a[10]={'1', '2', '3', '4', '5', '6', '7', '8', '9',0},*p;
        int i=8;
        p=a+ i;
    printf("%s\n",p=3);
    return 0; }
```

A. 6   B. 6789   C. '6'   D. 789

30. 执行以下程序后，y 的值是____。

```
    int main (void)
    {   int a []={2, 4, 6, 8,10};
        int   y=1,x,*p;
        p=&a[1];
    for(x=0;x<3;x++)    y+=*(p+x);
    printf("%d\n",y);
    return 0;   }
```

A. 17   B. 18   C. 19   D. 20

8.3 程序设计

1. 将输入的两个数从大到小输出。这里要求用指针和函数完成。

2. 用选择法对 10 个数进行排序。

3. 检查输入数或输入字符串的相等性。

4. 用函数指针变量调用函数，比较两个数大小。

5. 用函数指针变量作参数，求最大值、最小值和两数之和。

6. 对字符串排序（简单选择排序）。

7. 请编写函数 fun(int x,int pp[],int *n)，功能是：求出能整除 x 且不是偶数的各整数，并按从小到大的顺序放在 pp 所指的数组中，且这些除数的个数通过形参 n 返回。

8. 编写函数 fun()，实现如下功能：从字符中删除指定的字符，同一字母的大、小写按不同字符处理。

参考答案

填空题

1. 指针　指针变量

2. 4,2,7#4,1,6

3. *pmax=*px

4. 6

5. s[i]<'0'||s[i]>'9' '\0'

6. XYZA

7. p++ w[i-1]

8. int (*p)( )

9. 直接访问 间接访问

10. 13 gramming!

11. Itis

12. s[i]>='0'&&s[i]<='9'

13. *++p

14. *2*4*6*8*

15. cdeab

选择题

1. D   2. B   3. C   4. B   5. A   6. D   7. B   8. B   9. D

10. C   11. B   12. B   13. B   14. D   15. D   16. C   17. D   18. A

19. B   20. A   21. D   22. D   23. D   24. B   25. C   26. A   27. A

28. B   29. B   30. C

程序设计

1. 将输入的两个数从大到小输出。（用指针和函数完成）

```
swap (int *p1, int *p2)
{ int p;
   p=*p1;
   *p1=*p2;
   *p2=p;
}
main()
{ int a,b;
   int *pointer_1,*pointer_2;
   scanf("%d,%d",&a,&b);
   pointer_1=&a;
   pointer_2=&b;
   if(a<b)swap(pointer_1,pointer_2);
   printf("\n%d,%d\n",a,b);
}
```

2. 用选择法对 10 个数进行排序。

```
#include "stdio.h"
sort(int *,int);
main()
{ int *p,i,a[10];
p=a;
for(i=0;i<10;i++)
scanf("%d",p++);
p=a;
sort(p,10);
for(p=a,i=0;i<10;i++)
{ printf("%d",*p);p++;}
}
sort(int *x,int n)
{int i,j,k,t;
for(i=0;i<n-1;i++)
{k=i;
for(j=i+1;j<n;j++)
if(x[j]<x[k])if(k!=i)
{t=x[i];x[i]=x[k];x[k]=t;}
```

```
    }
  }
```

3. 检查输入数或输入字符串的相等性。

```
#include "string.h"
#include "stdio.h"
main()
{ char s1[80],s2[80];
int strcmp();
void check(char *,char *,int (*)());
int numcmp(char *,char* );
printf("Enter string 1:\n");
gets(s1);
printf("Enter string 2:\n");
gets(s2);
printf("number(n) or alphabetic(a)?\n");
if(getchar()= ='n')
check(s1,s2,numcmp);
else
check(s1,s2,strcmp);
}
void check(char *p,char *q,int (*cmp)())
{printf("testing for equality\n");
if(!(*cmp)(p,q))
printf("equal\n");
else
printf("not equal\n");
}
numcmp(char *a,char *b)
{if(atoi(a)==atoi(b))
return(0);
else
return (1);
}
```

4. 用函数指针变量调用函数，比较两个数大小。

```
main()
{ int max(int ,int),  (*p)();
  int a,b,c;
  p=max;  scanf("%d,%d",&a,&b);
  c=(*p)(a,b);
  printf("a=%d,b=%d,max=%d\n",a,b,c);
}
int  max(int x,int y)
{ int z;
  if(x>y)  z=x;
  else     z=y;
  return(z);
}
```

5. 用函数指针变量作参数，求最大值、最小值和两数之和。

```
void main()
{ int a,b,max(int,int),min(int,int),add(int,int);
  void process(int,int,int (*fun)());
  scanf("%d,%d",&a,&b);
  process(a,b,max);
  process(a,b,min);
  process(a,b,add);
}
```

```
void process(int x,int y,int (*fun)())
{ int result;
  result=(*fun)(x,y);
  printf("%d\n",result);
}
max(int x,int y)
{ printf("max=");
  return(x>y?x:y);
}
min(int x,int y)
{ printf("min=");
  return(x<y?x:y);
}
add(int x,int y)
{ printf("sum=");
  return(x+y);
}
```

6. 对字符串排序（简单选择排序）。

```
main()
{ void sort(char  *name[],int n), print(char  *name[],int n);
  char *name[]={"Follow me","BASIC","Great Wall","FORTRAN","Computer "};
  int n=5;
  sort(name,n);
  print(name,n);
}
void sort(char *name[],int n)
{ char *temp;
 int i,j,k;
 for(i=0;i<n-1;i++)
   { k=i;
     for(j=i+1;j<n;j++)
     if(strcmp(name[k],name[j])>0)    k=j;
     if(k!=i)
     { temp=name[i];  name[i]=name[k]; name[k]=temp;}
     }
}
void print(char *name[],int n)
     int i;
{for  (i=0;i<5;)
printf("%s";*name[i]);
}
```

7. 请编写函数 void fun(int x,int pp[],int *n),它的功能是：求出能整除 x 且不是偶数的各整数，并按从小到大的顺序放在 pp 所指的数组中，这些除数的个数通过形参 n 返回。

```
void fun(int x, int pp[],int *n)
{ int i=1,j=0,k=0,*t=pp;
  for(i=0;i<=x;i++)
  if(i%2!=0)
  {t[j]=i;
  j++;}
  for(i=0;i<j;i++)
  if(x%t[i]==0)
  {pp[k]=t[i];
  k++;}
  *n=k;
}
```

8. 编写函数 fun()，该函数的功能是：从字符中删除指定的字符，同一字母的大、小写按不同字符处理。

```
void fun(char s[],int c)
{int i=0;
 char*p;
 p=s;
 while(*p)
 {if(*p!=c)
 {s[i]=*p;
  i++;}
  p++;}
  s[i]='\0';
}
```

第 9 章　编译预处理和动态存储分配

9.1　填空题

1. C 语言提供的预处理功能主要有_____、_____、_____。
2. 文件包含的一般形式为_____。
3. 文件包含是否可以嵌套_____。
4. 宏定义中宏名一般用大写字母表示，容易做到_____。
5. 宏定义与变量定义不同，宏定义只置换字符，不分配_____。

9.2　选择题

1. 以下程序运行后的输出结果是____。
```
#include  <stdio.h>
#define  F(X,Y) (X)*(Y)
main ()
{ int  a=3, b=4;
printf("%d\n", F(a++,b++));
}
```
   A. 12　　　　　　　B. 15　　　　　　　C. 16　　　　　　　D. 20

2. 以下程序的输出结果是____。
```
#define SQR(x)x*x
main()
{ int a, k=3;
a=++SQR(k+1);
printf("%d \n", a);
}
```
   A. 8　　　　　　　　B. 9　　　　　　　　C. 17　　　　　　　D. 20

3. 下面是对宏定义的描述，不正确的是____。
   A. 宏不存在类型问题，宏名无类型，其参数也无类型
   B. 宏替换不占用运行时间
   C. 宏替换时，需先求出实参表达式的值，然后代入形参运算求值
   D. 宏替换只不过是字符替代而已

4. 以下程序的输出结果是____。
```
#define H1 5
#define H2 H1+1
#define H3 H2*H2/2
main()
{ints=0,k=H3;
while(k--)s++;
printf("%d\n",s);
}
```
　　A. 30　　　　　　　B. 10　　　　　　　C. 29　　　　　　　D. 19

5. 下列程序执行后的输出结果是____。
```
#define MA(x) x*(x-1)
main()
{ int a=1,b=2;
printf("%d\n",MA(1+a+b));
}
```
　　A. 5　　　　　　　B. 6　　　　　　　C. 7　　　　　　　D. 8

6. 以下说法正确的是____。
　　A. 宏定义是C语句，所以要在行末加分号
　　B. 可以使用#undef命令来终止宏定义的作用域
　　C. 在进行宏定义时，宏定义不能层层置换
　　D. 对程序中用双引号括起来的字符串内的字符，与宏名相同的要进行置换

7. 下面宏定义正确的是____。
　　A. #define Sa*b
　　B. #define PI 3.14;
　　C. #define max(a,b) ((a)>(b)?(a)：(b))
　　D. #define s(x) (x)*(x);

8. 若有如下程序，则程序运行后的输出结果是____。
```
#define X 3
#define Y X+1
#define Z Y*Y/2
main()
{ int n;
for(n=1;n<=Z;n++)printf("%d",n);}
```
　　A. 12345　　　　　　B. 1234567　　　　　　C. 12345678　　　　　　D. 123456

9. 以下关于宏与函数的叙述中正确的是____。
　　A. 使用函数或宏命令对C的源程序都没有影响
　　B. 函数具有类型，宏不具有类型
　　C. 函数调用和带参的宏调用都是将实参的值传给形参
　　D. 使用函数比使用宏运行速度快

10. 下面程序的输出结果是____。
```
#define PI 3.1415
#define ARE(x) PI*x*x
main ()
{ int r=2;
printf ("%f",ARE (r+1));
```

```
    }
```

    A. 28.26   B. 28.260000   C. 9.28   D. 9.283000

11. 在宏定义 "#define PI 3.14159;" 中，用宏名 PI 代替一个____。

    A. 单精度数   B. 双精度数   C. 常量   D. 字符串

12. 若有如下程序，则程序运行后的输出结果是____。

```
#define PI 3.1415926
#define A(r) 2*PI*r
main()
{float a,l;
a=3.0;
l=A(a);
printf("r=%.2f,l=%.2f \n",a,l);}
```

    A. r=3.00l=18.85

    B. 3.00,18.85

    C. r=3.000000l=18.8495555

    D. r=3.0 l=18.8495555

13. 若输入 60 和 13，以下程序的输出结果为____。

```
#define SURPLUS(a,b)  ((a)%(b))
main()
{ int a,b;
scanf("%d,%d",&a,&b);
printf(" \n",SURPLUS(a,b));
}
```

    A. 60   B. 13   C. 73   D. 8

14. 设有定义 "#define STR "12345";"，则以下叙述中正确的是____。

    A. 宏名 STR 代替的是数值常量 12345

    B. 宏定义以分号结束，编译时一定会产生错误信息

    C. 宏名 STR 代替的是字符串 "12345"

    D. 宏名 STR 代替的是字符串常量 "12345"

15. 以下关于宏的叙述中正确的是____。

    A. 宏名必须用大写字母表示

    B. 宏替换时要进行语法检查

    C. 宏替换不占用运行时间

    D. 宏定义中不允许引用已有的宏名

16. 如果文件 1 包含文件 2，文件 2 中要用到文件 3 的内容，而文件 3 中要用到文件 4 的内容，则可在文件 1 中用 3 个 #include 命令分别包含文件 2、文件 3 和文件 4。在下列关于这几个文件包含顺序的叙述中，正确的一条是____。

    A. 文件 4 应出现在文件 3 之前，文件 3 应出现在文件 2 之前

    B. 文件 2 应出现在文件 3 之前，文件 3 应出现在文件 4 之前

    C. 文件 3 应出现在文件 2 之前，文件 2 应出现在文件 4 之前

    D. 出现的先后顺序可以任意

17. 以下程序运行后的输出结果是____。

```
#include<stdio.h>
#define PT 5.5
```

```
#define S(x) PT*x*x
main()
{int a=1,b=2;
printf("%4.1f \ n",S(a+b));
}
```

    A. 49.5   B. 9.5   C. 22.0   D. 45.0

18. 以下程序执行后的输出结果是____。

```
#define f(x) x*x
main()
{int i;
i=f(4+4)/f(2+2);
printf("%d \ n",i);
}
```

    A. 28   B. 22   C. 16   D. 4

19. C 语言提供的预处理功能包括条件，其基本形式如下。

```
#××× 标识符
程序段 1
#else
程序段 2
#endif
```

这里的×××可以是____。

    A. define 或 include   B. ifdef 或 include

    C. indef 或 ifndef 或 define   D. ifdef 或 ifndef 或 if

参考答案

填空题

1. 宏定义　文件包含处理　条件编译

2. #include "文件名"

3. 可以

4. 一改全改

5. 内存

选择题

1. A   2. B   3. C   4. B   5. D   6. B   7. C   8. D   9. B

10. D   11. D   12. A   13. D   14. C   15. C   16. A   17. B   18. A

19. D

第 10 章　结构体、共用体和枚举

10.1　填空题

1. 结构体是一种_____数据类型用途是把_____的数据组合成一个整体。

2. 结构体变量不能整体引用,只能引用变量_____。

3. 用结构体变量的成员作函数参数时是_____传递，用指向结构体变量或数组的指针作函数参数时是_____传递。

4. 共用体是构造数据类型，也叫_____。用途是使几个不同类型的变量_____一段内存。

5. 不能将结构体变量作为_____进行输入和输出。

6. 共用体的定义、引用和_____类似。

7. 每一瞬时，共用体占用的内存段中只能存放一个_____，每一瞬时只有一个_____起作用，而不是同时起作用。

8. 不能对共用体变量赋值，也不能在定义时进行_____。

9. 共用体占用的内存长度等于其成员中_____成员占用的空间。

10. 结构体数组的每个数组元素在内存中的地址是按照_____的顺序连续的。

10.2 选择题

1. 以下程序运行后的输出结果是____。

```
struct   s
{ int    x,y;}      data[2]={10,100,20,200};
main ()
{ struct    s  *p=data;
printf("%d\n",++(p->x));
}
```

A. 10   B. 11   C. 20   D. 21

2. 以下选项中不能正确把 c1 定义成结构体变量的是____。

A. typedef struct
    {int   red;
    int   green;
    int   blue;
    } COLOR;
    COLOR cl;

B. struct   color cl
    {int red;
    int green;
    int blue;
    };

C. struct color
    {int   red;
    int   green;
    int   blue;
    } cl;

D. struct
    {int   red;
    int   green;
    int   blue;
    } cl ;

3. 关于以下程序段的叙述正确的是____。

```
typedef struct node { int  data;  struct  node  *next;  } *NODE;
NODE  p;
```

A. p 是指向 struct node 结构变量的指针的指针

B. "NODE p;" 语句出错

C. p 是指向 struct node 结构变量的指针

D. p 是 struct node 结构变量

4. 若有如下说明，则____的叙述是正确的。

```
struct st
```

```
{ int a;
int b[2];
}a;
```

A. 结构体变量 a 与结构体成员 a 同名，定义是非法的

B. 程序只在执行到该定义时才为结构体 st 分配存储单元

C. 程序运行时为结构体 st 分配 6 个字节存储单元

D. 类型名 struct st 可以通过 extern 关键字提前引用（即引用在前，说明在后）

5. 若有以下结构体定义，则____是正确的引用或定义。

```
struct example
{ int x;
int y;
}v1;
```

A. example. x=10   B. example v2. x=10

C. struct v2; v2. x=l0   D. struct example v2;

6. 下列程序的执行结果是____。

```
union un
{ int i;
char c[2];
};
void main()
{ union un x;
x. c[0]=10;
x. c[1]=1;
printf("\n%d",x. i);
}
```

A. 266   B. 11   C. 265   D. 138

7. 若有下面的说明和定义，则 sizeof(struct aa)的值是____。

```
struct aa
{ int r1;double r2;float r3;
union uu {char u1[5];
long u2[2];
} ua;
} mya;
```

A. 30   B. 29   C. 24   D. 22

8. 以下程序运行后的输出结果是____。

```
union myun
{struct
{intx,y,z;}u;
int k;
}a;
main()
{a.u.x=4;a.u.y=5;a.u.z=6;
a.k=0;
printf("%d\n",a.u.x);
}
```

A. 4   B. 5   C. 6   D. 0

9. 若有以下说明和定义，则以下叙述正确的是____。
```
typedef int*INTEGER;
INTEGER p,*q;
```
    A. p 是 int 型变量

    B. p 是基类型为 int 的指针变量

    C. q 是基类型为 int 的指针变量

    D. 程序中可用 INTEGER 代替 int 类型名

10. 若有如下定义，则下列叙述中不正确的是____。
```
union  aa
{int n;char c[9];float x;}a,b,c;
```
    A. union aa 是定义的共用体类型

    B. a、b、c 是定义的共用体类型名

    C. n、c[9]和 x 是共用体的成员名

    D. a、b、c 是定义的共用体变量名

11. 在下列定义中的共用体所占内存字节数是____。
```
Union
{char k[6];
struct
{int m;float f; }a;
double d; }b;
```
    A. 8   B. 14   C. 18   D. 10

12. 下列描述说明正确的是____。
    A. 结构体的每个成员的数据类型可以不同

    B. 不同结构体的成员名不能相同

    C. 结构体定义时，其成员的数据类型不能是结构体本身

    D. 结构体定义时各成员项之间可用分号也可用逗号隔开

13. 若有如下定义和声明，则 sizeof(struct s)的值是____。
```
struct s
{ int m;char ch;double x;
union t {char a[6];int b[3];} tt;} ss;
```
    A. 6   B. 14   C. 17   D. 20

14. 设有以下语句，则下面叙述中错误的是____。
```
struct  SS
{int no;char name[10];}PERSON;
```
    A. struct 是结构体类型的关键字   B. struct SS 是结构体类型

    C. PERSON 是结构体类型名   D. name 是结构体成员名

15. 设有以下语句，则下面叙述中正确的是____。
```
typedef struct S
{int g;char h;}T;
```
    A. 可用 S 定义结构体变量

    B. 可以用 T 定义结构体变量

    C. S 是 struct 类型的变量

    D. T 是 struct S 类型的变量

16. 以下程序运行后的输出结果是_____。

```
struct NODE
{int num;struct NODE*next;}
main()
{struct NODE*p,*q,*r;
p=(struct NODE*)malloc(sizeof(struct NODE));
q=(struct NODE*)malloc(sizeof(struct NODE));
r=(struct NODE*)malloc(sizeof(struct NODE));
p->num=10;q->num=20;r->num=30;
p->next=q;q->next=r;
printf( "%d \ n",p->num+q->next->num);
}
```

A. 10   B. 20   C. 30   D. 40

17. 设有如下定义，则若要使 p 背向 data 中的 a 域，那么正确的赋值语句是_____。

```
struct sk
{ int a;
float b;
} data;
int *p;
```

A. p= &a;   B. p=data.a;   C. p= &data.a;   D. *p=data.a;

18. 若有如下说明，则下列叙述正确的是_____。

```
union s
{char a [9];
int b;float c;
} t;
```

A. 共用体变量 t 不能作为函数的参数

B. 通过引用共用体变量名 t 可以得到成员的值

C. 共用体变量 t 的地址和它的各成员的地址不同

D. 共用体变量 t 所占的内存长度等于它的各成员所占的内存长度之和

19. 有以下结构体说明和变量的定义，且指针 p 指向变量 a，指针 q 指向变量 b。则不能把结点 b 连接到结点 a 之后的语句是_____。

```
struct node
{char data;
struct noe*next;
}a,b,*p= &a,*q=&b;
```

A. a.next=q;   B. p.next= &b;   C. p- >next=&b;   D. (*p).next=q;

20. 下列说法不正确的是_____。

A. 下列结构体定义时，占据了 5 个字节的空间

```
struct s {int num;
int age;
char sex;
}
```

B. 结构体的成员名可以与程序中的变量名相同

C. 对结构体中的成员可以单独使用，它的作用相当于普通变量

D. 结构体的成员可以是一个结构体变量

10.3 程序设计

1. 编写一个函数 print，输出一个学生的成绩数组，该数组中有 5 个学生的数据记录，每个

记录包括 num、name、score[3]，用主函数输入这些记录，用 print 函数输出这些记录。

2. 10 个学生，每个学生 3 门课程成绩，求平均分及前 5 名。

3. 有两个链表 a 和 b。设结点中包含学号、姓名。要求从 a 链表中删去与 b 链表中有相同学号的那些结点。

参考答案

填空题

1. 构造　不同类型
2. 成员
3. 值　地址
4. 联合体　共占
5. 一个整体
6. 结构体
7. 成员数据　成员
8. 初始化
9. 数据长度最大
10. 数组元素下标

选择题

1. B　　2. B　　3. C　　4. D　　5. D　　6. A　　7. D　　8. D　　9. B
10. B　　11. A　　12. A　　13. C　　14. C　　15. D　　16. D　　17. C　　18. A
19. B　　20. A

程序设计

1. 编写一个函数 print，输出一个学生的成绩数组，该数组中有 5 个学生的数据记录，每个记录包括 num、name、score[3]，用主函数输入这些记录，用 print 函数输出这些记录。

```
#include<stdio.h>
#define N 5
struct student
{char num[6];
char name[8];
int score[4];
}stu[N];
void main()
{void print(struct student stu[6]);
  int i,j;
  for(i=0;i<N;i++)
  {printf("\ninput score of student%d:\n",i+1);
    printf("No.: ");
    scanf("%s",stu[i].num);
    printf("name: ");
    scanf("%s",stu[i].name);
    for(j=0;j<3;j++)
    {printf("score%d: ",j+1);
    scanf("%d",&stu[i].score[j]);
    }
  printf("\n");
  }
print(stu);
```

```
}
void print(struct student stu[6])
{int i,j;
printf("\n No. namc  scorel  scorc2  score3\n");
 for(i=0;i<N;i++)
   {printf("%5s%10 s",stu[i].num,stu[i].name);
     for(j=0;j<3;j++)
     printf("%9d",stu[i].score[j]);
   printf("n");
  }
 }
```

2. 10 个学生，每个学生 3 门课程成绩，求平均分及前五名。

```
#include "stdio.h"
#include "conio.h"
#define N 6
struct student  /* 定义结构体数据类型 */
{
  int num;
  char name[10];
  int score[3];  /* 不能使用 float */
  float average;
};
void sort(struct student stu[ ] );  /* 函数原型声明，  排序 */
void print( struct student stu[ ] );  /* 函数原型声明，  输出 */
void printtopfive( struct student stu[ ] );  /* 函数原型声明，输出前 5 名 */
void main()
{
    struct student s[N];  /* s 为结构体数组 */
    int i;
    for(i=0;i<N;i++)
    {
    printf("请输入第%d 个学生的学号 姓名 成绩 1 成绩 2 成绩 3\n",i+1);
    scanf("%d%s%d%d%d",&s[i].num,s[i].name,&s[i].score[0],
            &s[i].score[1],&s[i].score[2]);
    s[i].average=(s[i].score[0]+s[i].score[1]+s[i].score[2])/3.0;
    }
    printf("原始成绩报表\n");
    print(s);
    sort(s);
    printf("排序之后的成绩报表\n");
    print(s);
    printf("前五名成绩报表\n");
    printtopfive(s);
    getch();
}
void sort( struct student stu[ ] )  /* 函数，选择排序 */
{
    int i,k,j;
    struct student t;
    for(i=0;i<N-1;i++)
    {
    k=i;
```

```
        for(j=i+1;j<N;j++)
        {
         if(stu[k].average<stu[j].average)
             k=j;
         if(k!=i)
         {
         t=stu[i];  stu[i]=stu[k];  stu[k]=t;
         }
        }
      }
    }
    void print( struct student stu[ ] )  /* 函数，输出 */
    {
     int i;
     printf("Student ID Student Name  Score1 Score2 Score3 Average\n");
     for(i=0;i<N;i++)
        printf("%-10d%-12s%8d%8d%8d%8.1f\n",stu[i].num,stu[i].name,
        stu[i].score[0],stu[i].score[1],stu[i].score[2],stu[i].average);
    }
    void printtopfive( struct student stu[ ] )   /* 函数，输出前 5 名 */
    {
     int i;
     printf("Student Name    Average\n");
     for(i=0;i<5;i++)
        printf("%-12s%8.1f\n",stu[i].name,stu[i].average);
    }
```

3. 有两个链表 a 和 b。设结点中包含学号、姓名。从 a 链表中删去与 b 链表中有相同学号的那些结点。

```
    #include<stdio.h>
    #include<string.h>
    #define LA 4
    #define LB 5
    struct  student
    {
    int num;
    char name[8];
    struct student * next;
    }a[LA],b[LB];
    void main()
    {struct student a[LA]={{101,"Wang"},{102,"Li"},{105,"Zhang"},{106,"Wei"}};
    struct student b[LB]={{103,"Zhang"},(104,"Ma"),{105, "Chen"},{107,"Guo"},
                          {108,"lui"}};

    int i;
    struct student*p,*p1,*p2,*head1,*head2;
    head1=a;
    head2=b;
    printf("list A: \n");
    for(p1=head1,i=1;i<=LA;i++)
    {if(i<LA)
    p1->next=a+i;
    else
    p1->next=NULL;  /*这是最后一个结点*/
    printf("%4d%8s\n",p1->num,p1->name); /*输出一个结点的数据*/
```

```
if(i<LA)
p1=p1->next;  /*如果不是最后一个结点，使p1指向下一个结点*/
}
printf("\n list B: \n");
for(p2=head2,i=1;i<=LB;i++)
{
 if(i<LB)
p2->next=b+i;
else
p2->next=NULL;
printf("%4d%8s\n",p2->num,p2->name);
if(i<LB)
p2=p2->next;
}
   /*对a链表进行删除操作*/
p1=head1;
while(p1!=NULL)
  {p2=head2;
  while((p1->num!=p2->num)&&(p2->next!=NULL))
    p2=p2->next;
/*使p2后移，直到发现与a链表中当前的结点的学号相同或已到b链表中最后一个结点*/
if(p1->num==p2->num)      /*两个链表中的当前学号相同*/
if(p1==head1)      /*a链表中当前结点为第一个结点*/
head1=p1->next;      /*使head指向a链表中第二个结点*,/
else      /*如果不是第一个结点*/
{p->)next=p1->next;
    /*使p—>next指向p1的下一结点. 即删去p1当前指向的结点*/
p1=p1->next;}      /*p1指向p1的下一结点*/
else      /*b链表中没有与a链表中当前结点相同的学号*/
{p=p1;p1=p1->next;}      /*p1指向a链表中的下一个结点*/
}
/*输出已处理过的a链表中全部结点的数据*/
printf("\nresult:\n");
p1=head1;
while(p1!=NULL)
{printf("%4d%7s  \n",pl->nun,pl->name);
p1=p1->next;
}
}
}
```

第 11 章　位运算

11.1　填空题

1. 位运算是指对一个数据的某些_____进行的运算。

2. 位运算的运算对象只能是_____或_____数据，而不可以是其他类型的数据。

3. 在C语言还提供了一种比较简单的结构体，其以位为单位来指定其成员所占内存的长度。

这种以位为单位的成员称为_____。

4. 如果在定义位域时，不提供位域成员的名，这种位域称为_____。

11.2　选择题

1. 有定义 "int a1=7,a2=1,xx;"，则执行如下操作 "xx=(a1<<1)&~(a2<<2);" 后，xx 的值为____。

   A. 0　　　　　　　B. 1　　　　　　　C. 10　　　　　　　D. 以上都错

2. 对于 int a，要使 "((1<<2>>1)|a)= =a;"，则 a 可以是____。

   A. 2　　　　　　　B. 6　　　　　　　C. 10　　　　　　　D. 以上都对

3. 若 x=2、y=3，则 x&y 的结果是____。

   A. 0　　　　　　　B. 2　　　　　　　C. 3　　　　　　　D. 5

4. 设有下列语句，则 z 的二进制值是____。

   A. 00010100　　　B. 00011011　　　C. 00011100　　　D. 00011000

5. 在位运算中，操作数每左移一位，其结果相当于____。

   A. 操作数乘以 2　B. 操作数除以 2　C. 操作数乘以 4　D. 操作数除以 4

6. 若有下列程序，则执行后 x 和 y 的值分别是____。

```
int x=1,y=2;
x=x ^ y;
y=y ^ x;
x=x ^ y;
```

   A. x=1,y=2　　　B. x=2,y=2　　　C. x=2,y=1　　　D. x=1,y=1

7. 表达式 a<b||~c&d 的运算顺序是____。

   A. ~, &, <, ||　　B. ~, ||, &, <　　C. ~, &, ||, <　　D. ~, <, &, ||

11.3　程序设计

1. 取一个整数 a 从右端开始的 4～7 位。
2. 编写程序求 9|5 的值。
3. 写一个函数，对一个 16 位的二进制数取出它的奇数位（即从左边起第 1、3、5、…、15 位）。
4. 设计一个函数，使给出一个数的原码，能得到该数的补码。

参考答案

填空题

1. 二进制位
2. 整型　字符型
3. 位段或位域
4. 匿名位域

选择题

1. C　　2. D　　3. B　　4. B　　5. A　　6. C　　7. D

程序题

1. 取一个整数 a 从右端开始的 4～7 位。

```
main()
{ unsigned a,b,c,d;
  b=a>>4;
```

```
c=~(~0<<4);
d=b&c;
printf("%o,%d\n%o,%d\n",a,a,d,d);
}
```

2. 编写程序求 9|5 的值。

```
main()
{
int a=9,b=5,c;
c=a|b;
printf("a=%d\nb=%d\nc=%d\n",a,b,c);
```

3. 写一个函数，对一个 16 位的二进制数取出它的奇数位（即从左边起第 1、3、5、…、15 位）。

```
#include<stdio.h>
void main( )
{unsigned short getbits(unsigned short);
unsigned short int a;
printf("\ninput an octal number:");
scanf("%o",&a);
printf("result:%o\n",getbits(a));
}
unsigned short getbits(unsigned short value)
{int i,j;
unsigned short int z,a,q;
z=0;
for(i=1;i<=15;i+=2)
{q=1;
for(j=1;j<=(16-i-1)/2;j++)
q=q*2;
a=value>>(16-i);
a=a<<15;
a=a>15;
z=z+a*q;
}
return(z);
}
```

4. 设计一个函数，使给出一个数的原码，能得到该数的补码。

```
#include<stdio.h>
void main( )
{unsigned short int a;
unsigned shrot int getbits(unsigned short);
printf("\ninput an octal number: ");
scanf("%o",&a);
printf("result:%o/n",getbits(a));
}
unsigned shout int getbits(unsigned short value)   /*求一个二进制的补码函数*/
{unsigned int short z;
z=value&0100000;
if(z= =0100000)
z=~value+1;
else
z=value;
return(z);
}
```

第 12 章　文件

12.1　填空题

1. C 语言中根据数据的组织形式，可以将文件分为_____和_____。

2. _____是存储在外部介质上数据的集合，是操作系统数据管理的单位。

3. C 语言对文件的处理是通过调用编译系统提供的_____函数实现的。

4. 一般文件在使用时必须用 C 标准函数库中的 fopen() 和 fclose() 函数以打开和关闭，要求使用包含文件_____。

5. fopen() 函数打开由文件名指定的文件，若成功地完成打开操作，则带回一个指向该文件的_____，若打开文件时出现错误，则返回_____。

6. fgetch (fp) 函数功能是从 fp 指定的文件中读取一个_____。

12.2　选择题

1. 打开一个已经存在的非空文本文件，若文件名为"stu"，则正确的打开语句为_____。
   - A. FILE *fp;　　　　　　　　　　　B. FILE *fp;
     fp=fopen("stu.txt","r")　　　　　　　fp=fopen(stu.txt,r)
   - C. FILE *fp;　　　　　　　　　　　D. FILE *fp;
     fp=fopen("stu.txt","wb")　　　　　　fp=fopen("stu.txt",wb)

2. 若在 fopen() 函数中使用文件的方式是"wb+"，该方式的含义是_____。
   - A. 为读／写打开一个文本文件
   - B. 为输出打开一个文本文件
   - C. 为读／写建立一个新的文本文件
   - D. 为读／写建立一个新的二进制文件

3. 有一个名为"init.txt"的文件，内容如下。
```
#define    HDY(A,B)      A/B
# define   PRINT(Y)      Printf("y=%d\n.,Y)
```
有以下程序
```
#include   "init.txt"
main()
{int  a=1,b=2,c=3,d=4,k;
K=HDY(a+c, b+d);
PRINT(K);
}
```
下面针对该程序的叙述正确的是_____。
   - A. 编译有错　　　B. 运行出错　　　C. 运行结果为 y=0　　D. 运行结果为 y=6

4. C 语言库函数 fgets(str,n,fp) 的功能是_____。
   - A. 从 fp 指向的文件中读取长度 n 的字符串存入 str 指向的内存
   - B. 从 fp 指向的文件中读取长度不超过 n-1 的字符串存入 str 指向的内存
   - C. 从 fp 指向的文件中读取 n 个字符串存入 Xstr 指向的内存
   - D. 从 str 读取至多 n 个字符到文件 fp

5. 以下程序执行后输出结果是____。

```
# include<stdio.h>
main()
{FILE *fp;
int i,k=0,n=0;
fp=fopen("d1.dat","w");
for(i=1;i<4;i++)fprintf(fp,"%d",i);
fclose(fp);
fp=fopen("d1.dat","r");
fscanf(fp,"%d%d",&k,&n);printf("%d%d \ n",k,n);
fclose(fp);
}
```

A. 12　　　　　　　B. 1230　　　　　　　C. 123　　　　　　　D. 00

6. 以下程序（提示：程序中 "fseek(fp,-2L*sizeof(int),SEEK_END;" 的作用是使位置指针从文件末尾向前移 2*sizeof(int)字节)执行后输出结果是____。

```
# include<stdio.h>
main()
{FILE *fp;
int i,a[4]={1,2,3,4},b;
fp=fopen("data.dat","wb");
for(i=0;i<4;i++)
fwrite(&a[i],sizeof(int),1,fp);
fclose(fp);
fp=fopen("data.dat","rb");
fseek(fp,-2L*sizeof(int), SEEK_END);
fread(&b,sizeof(int),1,fp); /*从文件中读取 sizeof(int)字节的数据到变量 b 中*/
fclose(fp);
printf("%d \ n",b);
}
```

A. 2　　　　　　　B. 1　　　　　　　C. 4　　　　　　　D. 3

7. 如下程序执行后的输出结果是____。

```
#include"stdio.h"
voidmain()
{FILE *fp;
fp=fopen("test","wb")
fprintf(fp,"%d%.1f,%c%c",5,238.41,'B','h');
fclose(fp);}
```

A. 5 238.41 B h　　B. 5238.4,Bh　　C. 5,238.4,B,h　　D. 5238.41Bh

8. 若要打开 A 盘中 "user" 子目录下名为 "aaa.txt" 的文本文件进行读、写操作下面符合此要求的函数调用是____。

A. fopen("A:\user\aaa.txt","r")　　　　　　B. fopen("A:\\user\\aaa.txt","r+")

C. fopen("A:\user\aaa.txt","rb")　　　　　　D. fopen("A:\\user\\aaa.txt","w")

9. 以下程序执行后，文件 "test.t" 中的内容是____。

```
#include <stdio.h>
void fun(char *fname,char *st)
{FILE  *myf;int i;
myf=fopen(fname,"w");
for(i=0;i<strlen(st);i++)fputc(st[i],myf);
```

```
fclose(myf);
}
main()
{ fun("test.t","new world");fun("test.t","hello,");}
```

A. hello,   B. new worldhello,

C. new world   D. hello,rld

10. fwrite()函数的一般调用形式是_____。

A. fwrite(buffer,count,fp,size);   B. fwrite(fp,size,count,buffer);

C. fwrite(fp,count,size,buffer);   D. fwrite(buffer,size,count,fp);

12.3　程序设计

1. 从键盘输入字符，逐个存到磁盘文件中，直到输入"#"为止。

2. 从键盘输入 4 个学生数据，把他们转存到磁盘文件中去。

3. 从键盘按格式输入数据存到磁盘文件中去。

4. 从键盘读入字符串存入文件，再从文件读回显示。

5. 有两个磁盘文件 A 和 B，各存放一行字母，要求把这两个文件中的信息合并（按字母顺序排列），输出到一个新文件"C"中。

6. 从键盘输入一个字符串，将其中的小写字母全部转换成大写字母，然后输出到一个磁盘文件"text"中保存。输入的字符串以"!"结束。

7. 有一磁盘文件"employee"，用于存放职工的数据。每个职工的数据包括：职工姓名、职工号、性别、年龄、住址、工资、健康状况及文化程度。要求将职工姓名和工资的信息单独抽出来另建一个简明的职工工资文件。

参考答案

填空题

1. 文本文件　二进制文件

2. 文件

3. 输入输出

4. stdio.h

5. 指针　空指针值 NULL

6. 字符

选择题

1. A   2. D   3. D   4. B   5. B   6. D   7. B   8. B   9. A   10. D

程序设计

1. 从键盘输入字符，逐个存到磁盘文件中，直到输入'#'为止。

```
#include <stdio.h>
main()
{ FILE *in, *out;
 char ch,infile[10],outfile[10];
 scanf("%s",infile);
 scanf("%s",outfile);
 if ((in = fopen(infile, "r"))== NULL)
 { printf("Cannot open infile.\n");
  exit(0);
```

```
    }
    if ((out = fopen(outfile, "w"))== NULL)
    { printf("Cannot open outfile.\n");
     exit(0);
    }
    while (!feof(in))
     fputc(fgetc(in), out);
    fclose(in);
    fclose(out);
    }
```

2. 从键盘输入 4 个学生数据，把他们转存到磁盘文件中去。

```
    #include <stdio.h>
    #define SIZE 2
    struct student_type
    { char name[10];
      int num;
      int age;
      char addr[15];
    }stud[SIZE];
    main()
    {
      int i;
      for(i=0;i<SIZE;i++)
      scanf("%s%d%d%s",stud[i].name,&stud[i].num,
      &stud[i].age,stud[i].addr);
      save();
      display();
    }
    void save()
    { FILE *fp;
      int i;
      if((fp=fopen("d:\\fengyi\\exe\\stu_dat","wb"))==NULL)
      { printf("cannot open file\n");
       return;
      }
      for(i=0;i<SIZE;i++)
      if(fwrite(&stud[i],sizeof(struct student_type),1,fp)!=1)
      printf("file write error\n");
      fclose(fp);
    }
    void display()
    { FILE *fp;
      int i;
      if((fp=fopen("d:\\fengyi\\exe\\stu_dat","rb"))==NULL)
      { printf("cannot open file\n");
       return;
      }
      for(i=0;i<SIZE;i++)
      { fread(&stud[i],sizeof(struct student_type),1,fp);
        printf("%-10s %4d %4d %-15s\n",stud[i].name,
        stud[i].num,stud[i].age,stud[i].addr);
      }
      fclose(fp);
    }
```

3. 从键盘按格式输入数据存到磁盘文件中去。

```
    #include <stdio.h>
```

```
main()
{ char s[80],c[80];
 int a,b;
 FILE *fp;
 if((fp=fopen("test","w"))==NULL)
 {   puts("can't open file");   exit() ;   }
 fscanf(stdin,"%s%d",s,&a);/*read from keaboard*/
 fprintf(fp,"%s  %d",s,a);/*write to file*/
 fclose(fp);
 if((fp=fopen("test","r"))==NULL)
 {   puts("can't open file"); exit();   }
 fscanf(fp,"%s%d",c,&b);/*read from file*/
 fprintf(stdout,"%s %d",c,b);/*print to screen*/
 fclose(fp);
}
```

4. 从键盘读入字符串存入文件，再从文件读回显示。

```
#include<stdio.h>
main()
{ FILE *fp;
 char  string[81];
 if((fp=fopen("file.txt","w"))==NULL)
 { printf("cann't open file");exit(0); }
 while(strlen(gets(string))>0)
 { fputs(string,fp);
  fputs("\n",fp);
 }
 fclose(fp);
 if((fp=fopen("file.txt","r"))==NULL)
 { printf("cann't open file");exit(0); }
  while(fgets(string,81,fp)!=NULL)
  fputs(string,stdout);
  fclose(fp);
}
```

5. 有两个磁盘文件 A 和 B,各存放一行字母，要求把这两个文件中的信息合并（按字母顺序排列），输出到一个新文件 C 中。

```
#include "stdio.h"
main()
{ FILE *fp;
int i,j,n,ni;
char c[160],t,ch;
if((fp=fopen("A","r"))==NULL)
{printf("file A cannot be openedn");
exit(0);}
printf("n A contents are :n");
for(i=0;(ch=fgetc(fp))!=EOF;i++)
{c[i]=ch;
putchar(c[i]);
}
fclose(fp);
ni=i;
if((fp=fopen("B","r"))==NULL)
{printf("file B cannot be openedn");
exit(0);}
printf("n B contents are :n");
for(i=0;(ch=fgetc(fp))!=EOF;i++)
{c[i]=ch;
```

```
putchar(c[i]);
}
fclose(fp);
n=i;
for(i=0;i<n;i++)
for(j=i+1;j<n;j++)
if(c[i]>c[j])
{t=c[i];c[i]=c[j];c[j]=t;}
printf("n C file is:n");
fp=fopen("C","w");
for(i=0;i<n;i++)
{ putc(c[i],fp);
putchar(c[i]);
}
fclose(fp);
}
```

6. 从键盘输入一个字符串，将其中的小写字母全部转换成大写字母，然后输出到一个磁盘文件 text 中保存。输入的字符串以！结束。

```
#include<stdio.h>
#include<stdlib.h>
#include<string.h>
void main( )
{
FILE *fp;
char str[100];
int i=0;
if((fp=fopen("a1","w"))= =NULL)
{printf("can not open file\n");
exit(0);
}
printf("input a string:\n");
gets(str);
while(str[i]!= '! ')
{if(str[i]>= 'a'&&str[i]<= 'z')
str[i]=str[i]-32;
fputc(str[i],fp);
i++;
}
fclose(fp);
fp=fopen("a1","r");
fgets(str,strlen(str)+1,fp);
printf("%s\n",str);
fclose(fp);
}
```

7. 有一磁盘文件 emploee，用于存放职工的数据。每个职工的数据包括：职工姓名、职工号、性别、年龄、住址、工资、健康状况及文化程度。要求将职工姓名和工资的信息单独抽出来另建一个简明的职工工资文件。

```
#include<stdio.h>
#include<stdlib.h>
#include<string.h>
struct emploee
{char num[6];
char name[10];
char sex[2];
int age;
char addr [20];
```

```
        int salary;
        char health[8];
        char class[10];
        }em[10];
        struct emp
        {char name[10];
        int  salary;
        }em_case[10];
        void main()
        {FILE *fp1,*fp2;
        int i,j;
        if((fp1=fopen("emploee","r"))==NULL)
        {printf("can not open file. \n");
        exit(0);
        }
        printf("\n No.   name sex  age  addr  salary health class\n");
        for(i=0;fread(&em[i],sizeof(struct emploee),1,fp1)!=0;i++)
        {printf("\n%4s%8s%4s%6d%10s%6d%10s%8s",em[i].num,em[i].name,em[i].sex,em[i]
.age,em
        [i].addr,em[i].salary,em[i].health,em[i].class);
        strcpy(em_case[i].name,em[i].name);
        em_case[i].salary=em[i].salary;
        }
        printf("\n\n*********************  ");
        if((fp2=fopen("emp_salary","wb"))==NULL)
        {printf("can not open file\n");
        exit(0);}
        for(j=0;j<i;j++)
        {if(fwrite(&em_case[j],sizeof(struct emp),1,fp2)!=1)
        printf("error!\n");
        printf("\n%12s%10d",em_case[j].name,em_case[j].salary);
        }
        printf("\n  *********************    ");
        fclose(fp1);
        fclose(fp2);
        }
```

第二部分
二级考试习题解答

全国计算机等级考试笔试模拟试卷（1）

二级公共基础知识和 C 语言程序设计

（考试时间 90 分钟，满分 100 分）

一、选择题（（1）～（10）、（21）～（40）每题 2 分，（11）～（20）每题 1 分，70 分）

（1）算法的时间复杂度是指____。

    A. 算法的长度

    B. 执行算法所需要的时间

    C. 算法中的指令条数

    D. 算法执行过程中所需要的基本运算次数

    答案 D

【解析】算法的时间复杂度，是指执行算法所需要的工作量，可以用算法在执行过程中所需基本运算的执行次数来度量算法的工作量。

（2）以下数据结构中，属于非线性数据结构的是____。

    A. 栈   B. 线性表   C. 队列   D. 二叉树

    答案 D

【解析】二叉树属于非线性结构。栈是一种特殊的线性表，只能在固定的一端进行插入和删除操作。队列可看作是插入在一端进行、删除在另一端进行的线性表。

（3）数据结构中，与所使用的计算机无关的是数据的____。

    A. 存储结构   B. 物理结构   C. 逻辑结构   D. 线性结构

    答案 C

【解析】数据的逻辑结构反映的是数据元素之间的逻辑关系，与实用的计算机无关。

（4）内聚性是对模块功能强度的衡量。下列选项中，内聚性较弱的是____。

    A. 顺序内聚   B. 偶然内聚

    C. 时间内聚   D. 逻辑内聚

    答案 B

【解析】内聚是下面几个个功能角度来测量模块的联系，描述的是模块内的功能联系，内聚有如下种类，它们之间的内聚度由弱到强的排列。

① 偶然内聚——模块中的代码无法定义其不同功能的调用，但它是该模块能执行不同的功能。这种模块为巧合强度模块。

② 逻辑内聚——这种模块把几种相关的功能组合在一起，每次被调用时，有传送给模块的参数来确定该模块应完成哪一种功能。

③ 时间内聚——使该模块能执行不同的功能，为巧合强度模块。

④ 逻辑内聚——这种模块把几种相关的功能组合在一起，每次被调用时，有传送模块的参数来确定该模块应完成哪一种功能。

⑤ 时间内聚——这种模块顺序完成一类相关功能,比如初始化模块,其顺序地为变量置初值。

⑥ 过程内聚——如果一个模块内的处理元素是相关的，而且必须一特定次序执行，则称为过程内聚。

⑦ 信内聚——这种模块除了具有过程内聚的特点外，还有另外一种关系，即它的所有功能都通过使用公用数据而发生关系。

⑧ 顺序内聚——如果一个模块内各个处理元素和同一个功能密切相关,而且这些处理必须顺序执行，处理元素的输出数据作为下一个处理元素的输入数据，则称为顺序内聚。

⑨ 功能内聚——如果一个模块包括为完成某一个具体任务所需的所有成分，或者说模块中所有成分结合起来是为了完成一个具体的任务，则此模块为功能内聚模块。

（5）在关系中凡能唯一标识元组的最小属性集称为该表的键或码。二维表中可能含有若干个键，他们称为该表的____。

    A. 连接码　　　　　B. 关系码　　　　　C. 外码　　　　　D. 候选码

答案 D

【解析】在关系中，凡能唯一标识元组的最小属性即称为该表的键或码。二维表中可能有若干个键，他们称为该表的候选码或候选键。从二维的所有候选键中选取一个作为用户使用的键称为主键或主码。

（6）检查软件产品是否符合需求定义的过程称为____。

    A. 确认测试　　　　B. 需求测试　　　　C. 验证测试　　　　D. 路径测试

答案 A

【解析】确认测试的任务验证软件的功能和性能，以及其他特性是否满足需求规格说明中确定的各种需求。

（7）数据流图用于抽象描述一个软件的逻辑模型，数据流图是由一些特定的图符构成。下列图符名标识的图符不属于数据流图合法图符的是____。

    A. 控制流　　　　　B. 加工　　　　　C. 存储文件　　　　D. 源和潭

答案 A

【解析】数据流图用于抽象描述一个软件的逻辑模型，它由一些特定的图符构成，包括 4 个方面，分别为加工、数据流、存储文件、源和潭。

（8）待排序的关键码序列为（15，20，9，30，67，65，45，90），要按关键码值递增的顺序排序，需采取简单选择排序法，第一趟排序后关键码 15 被放在第____个位置。

    A. 2　　　　　　　B. 3　　　　　　　C. 4　　　　　　　D. 5

答案 A

【解析】选择排序的基本思想是扫描整个线性表，从中选出最小的元素，将它交换表的最前面，然后对剩下的子表采用同样的方法，直到子表为空。因此，第一趟排序后，将选出最小的元素 9 放在第一位置，元素 15 则放在第二个位置。

（9）对关系 S 的关系 R 进行集合运算，结果中既包含 S 中的所有元组也包含关系 R 中的所有元组，这样的集合运算称为____。

    A. 并运算   B. 交运算   C. 差运算   D. 除运算

答案 D

【解析】关系的运算是指由结构相同的两个关系合并而形成一个新的关系，其中包含两个关系中的所有元组。

（10）下列选项中，不属于数据管理员指责的是____。

    A. 数据库维护   B. 数据库设计

    C. 改善系统性能，提高系统效率   D. 数据类型转换

答案 D

【解析】数据库管理员（DataBaseAdministrator，DBA）是指对数据库的规划、设计、维护、监视等的人员，其主要工作如下。

① 数据库设计。DBA 的主要任务之一是数据库设计，具体地说是进行数据模式的设计。

② 数据维护。DBA 必须对数据库中的数据安全性、完整性，并发控制及系统恢复，数据定期转储等进行实施与维护。

③ 改善系统性能，提高系统效率。DBA 必须随时监视数据库的运行状态，不断调整内部结构，使系统保持最佳状态与效率。

（11）C 语言规定，在一个 C 程序中，main()函数的位置____。

    A. 必须在系统调用的库函数之后   B. 必须在程序的开始

    C. 必须在程序的最后   D. 可以在任意位置

答案 D

【解析】每个 C 程序有且只有一个主函数 main()，且程序必须从 main()函数开始执行，而且 main()函数可以放在程序中的任意位置。

（12）以下叙述中正确的是____。

    A. C 语言比其他语言高级

    B. C 语言可以不用编译就能别计算机识别执行

    C. C 语言一接近英语国家的自然语言和数学语言作为语言的表达形式

    D. C 语言出现的最晚，具有其他语言的一切优点

答案 C

【解析】此题考查的是 C 程序的基本特点：C 语言是一种高级编辑语言，但并不是比其他语言高级；C 语言源程序必须经过编译生成目标文件才能被计算机识别执行；C 语言出现比较晚，既有优点，又有缺点，并不是具有其他一切语言的优点。

（13）已知"int a=6;"，则执行"a+=a-=a*a;"语句后，a 的值为____。

    A. 36   B. 0   C. -24   D. -60

答案 D

【解析】此题考察的是赋值表达式。执行语句"a+=a-=a*a"时，首先执行 a=a-a*a=30，然后执行 a=a+a=60。

（14）下列叙述中错误的是____。

A. C 语言必须以分号结束

B. 复合语句在语法上被看做一条语句

C. 空语句出现在任何位置都不会影响程序运行

D. 赋值表达式末尾家分号就构成赋值语句

答案 C

【解析】C 语言规定每一条语句和数据定义的最后必须有一个分号，分号是 C 语句的必要组成部分。复合语句也称为语句块，其形式为 {语句 1;语句 2;…语句 n;}，即用一对大括号把若干语句括起来构成一个语句组。一个复合语句在语法上视为一条语句，在一对花括号内的语句数量不限。空括号是只有一个分括号的语句，它什么也不做，程序设计中有时需要加一个空语句来表示存在一条语句，但随意加分括号会导致逻辑上的错误，而且这种错误十分隐蔽，编辑器也不会提示逻辑错误，需要慎用。

（15）若有定义 "int a=7;float x=2.5,y=4.7;"，则表达式 x+a%3*(int)(x+y)%2/4 的值是____。

A. 2.500000   B. 2.750000   C. 3.500000   D. 0.000000

答案 A

【解析】此题考查的是变量的类型转换。表达式中(int)(x+y)把 x+y=(7.2)的值强制转化成整型即得到 7，那么 a%3*(int)(x+y)%2 的值为整型常量 1，所以 a%3*(int)(x+y)%2/4 的值是 0。因为变量 x 是浮点型变量，所以表达式 x+a%3*(int)(x+y)%2/4 的结果也是浮点型，得到 2.500 000。

（16）若下列选项中的各变量均为整型且已有值，其中不正确的赋值语句是____。

A. ++I;   B. n1=(n2/(n3=2));

C. k=i=j;   D. a=b+c=2;

答案 D

【解析】本题考查赋值表达式。赋值表达式的一般形式是变量名=表达式。C 语言规定，不能给变量表达式赋值。

（17）下列关于逻辑运算符两侧运算对象的叙述中正确的是____。

A. 只能是整数 0 或 1

B. 只能是整数 0 或非 0 整数

C. 可以是结构体类型的数据

D. 可以是任意合法的表达式

答案 D

【解析】逻辑运算符两侧的运算对象可以是任意合法的表达式。逻辑表达式的运算结果或者为 1（"真"），或者为 0（"假"）。

（18）若有说明 "int a[3][4];"，则 a 数组元素的非法引用时____。

A. a[0][2*1]   B. a[1][3]   C. a[4-2][0]   D. a[0][4]

答案 D

【解析】此题考查的是数组元素的引用。对于已定义的数组 a[M][N]，数组元素的正确引用必须满足行下标小于 M，列下标小于 N 且为正整数。此题中，选项 D 选项中列下标值出现溢出。

（19）以下程序的运算结果是____。

```
main()
{ int a=-5,b=1,c=1;
 int x=0,y=2,z=0;
```

```
if(c>0)x=x+y;
if(a<=0)
{ if(b>0)
  if(c<=0)y=x-y;
}
else if(c>0)y=x-y;
else z=y;
printf("%d,%d,%d\n",x,y,z);
}
```
A. 2,2,0   B. 2,2,2   C. 0,2,2   D. 2,0,2

答案 A

【解析】本题考查 if slse 语句使用。先判断第一个 if 语句，因为 c=1>0，所以 x=x+y=0+2=2。第 2 个 if 语句，因为 a=-5<0，所以进入下面的复合语句。经判断发现复合语句中第 3 个 if 语句的条件均不满足，不执行任何语句就退出。在这个过程中，y 和 z 的值没有发生变化。

（20）以下程序的输出结果是____。

```
#include <stdio.h>
main()
{ int x=1,y=0,a=0,b=0;
switch(x)
{ case 1:
switch(y)
{ case 0:a++;break;
 case 1:b++;break;
}
case 2:a++;b++;break;
}
printf("a=%d,b=%d\n",a,b);
}
```
A. a=2,b=1   B. a=1,b=0   C. a=1,b=1   D. a=2,b=2

答案 A

【解析】本题考查 switch 语句。因为 x=1，所以 第 1 个 switch 语句，执行 case1 后面的复合语句。因为 y=0，所以第 2 个 switch 语句，执行 case0，a=a+1=1，遇到 break 语句跳出第 2 个 switch。又因为第 1 个 case1 的复合语句后没有 break 语句来跳出第 1 个 switch，所以接着执行 case2，分别将 a 加 1，b 不加 1，直到遇到 break 语句跳出。

（21）以下程序的运行结果是____。

```
#include <stdio.h>
void main()
{.int a[]={1,2,3,4},y,*p=&a[3];
--p;y=*p;printf("y=%d\n",y);
}
```
A. y=0   B. y=1   C. y=2   D. y=3

答案 D

【解析】程序首先定义了一个一维数组和指针，接着将数组第 4 个元素，通过 y=*p，进行- -p 使指针 p 指向了数组的第 3 个元素，再通过 y=*p，将数组第 3 个元素的值赋给了 y，所以选项 D 正确。

（22）下面的 for 语句的循环次数为____。

```
for(x=1,y=0;(y!=19)&&(x<6);x++);
```
A. 是无限循环   B. 循环次数不定

113

C. 最多执行 6 次　　　　　　　　　　　　　　D. 最多执行 5 次

答案 D

【解析】本题考查 for 循环。只考虑 x 取值变化，x 从 1 到 5，可以循环 5 次，但是并不知道 y 是如何变化的，有可能出现 y=19 提前跳出循环的情况，所以最多执行了 5 次。

（23）下列程序的输出结果是_____。

```
#include <stdio.h>
void main()
{ int a=0,b=1,c=2;
  if(++a>0||++b>0)
++c;
printf("%d,%d,%d",a,b,c);
}
```

A. 0,1,2　　　　　　　　B. 1,2,3　　　　　　　　C. 1,1,3　　　　　　　　D 1,2,2

答案 C

【解析】本题考查 if 语句。先判断 if 语句的条件是否成立，因为 ++a=1>0，所以条件成立，又因为是进行逻辑或运算，在已知其中一个运算对象为真的情况下，不必判断另外一个运算对象的真假，即不进行 ++b 操作，就可以直接得出整个表达式的值为逻辑 1，执行下面的 ++c。

（24）请阅读以下程序。

```
#include <stdio.h>
main()
{ int c;
while((c=getchar())!='\n')
{ switch(c-'3')
{ case 0:
  case 1:putchar(c+4):
  case 2:putchar(c+4);break;
  case 3:putchar(c+3);
  case 4:putchar(c+3);break;
}}
printf("\n");}
```

从第一列开始输入数据"3845<CR>"（<CR>代表一个回车符），则程序输出结果为_____。

A. 77889　　　　　　　B. 77868　　　　　　　C. 776810　　　　　　　D. 77886610

答案 A

【解析】题中 while 循环的条件是：当从键盘读入的字符不是"\n"时，执行 while 循环。

输入第一个字符 3 时，执行 case 0，什么也不输出；case 1，输出 7；case 2，输出 7；遇到 break 语句，跳出 switch 语句。输入第二个字符 8 时，"c-'3'"=5，不执行任何语句。输入第三个字符 4 时，"c-'3'"=1，执行 case 1，输出 8；case 2，输出 8；遇到 break 语句，跳出 switch 语句。输入的四个字符 5 时，"c-'3'"=2，执行 case 2，输出 9；遇到 break 语句，跳出 switch 语句。

（25）C 语言规定，函数返回值的类型是_____。

　　A. 由调用该函数的主调函数类型决定

　　B. 由 return 语句中的表达式类型决定

　　C. 由调用该函数是系统临时决定

　　D. 由定义该函数是所制定的数值类型决定

答案 D

【解析】本题考查函数调用时的数值类型。函数调用时，函数返回值的类型既不由主调函数类型所决定，也不由 return 语句中的表达式所决定，更不是由系统临时决定，而是由定义该函数时所指定的数值类型所决定。

（26）执行下列程序时输入"456<空格>789<空格>123<回车>"，输出结果是____。

```
#include<stdio.h>
main()
{ char m[80];
    int c,I;
    scanf("%c",&c);
    scanf("%d",&i);
    scanf("%s",&m);
    printf("%c,%d,%s\n",c,I,m);
}
```

A. 456,789,123   B. 4,789,123   C. 4,56,789,123   D. 4,56,789

答案 D

【解析】scanf()函数中，"%c"表示通过键盘只读入一个字符型的数据，"&"表示将该数据赋值给 c，所以 c=4。另外，以"%d"格式读入数据时，只有遇到空格换行等间隔时符才停止读入，所以 i=56、m=789。

（27）已知下列函数定义，则调用此函数的正确写法是（假设变量 a 的书名为 int a[10]）____。

```
fun(int *b,int c,intd)
{ int k;
    for(k=0;k<c*d;k++)
    { *b=c+d;
      b++;}
}
```

A. fun(*a,6,14);   B. fun(&a,6,8);
C. fun(a,8,4);   D. fun((int)a,8,6,);

答案 C

【解析】本题考查函数调用时的参数传递。fun()函数的调用形式为 fun(int*b，int c，int d)。调用数组时，用数组名表示一个指向数组的第一个元素的指针，因此调用时的形式为 fun(a, 8, 4)。

（28）设 Y 为整型变量，A=1，A 的地址为"EF01;B=2"，B 的地址为"EF02;"，执行语句"B=&A;Y=&B;"后 Y 的值____。

A. 1   B. 2   C. EF01   D. EF02

答案 C

【解析】&是取地址运算符，y=&b 是将 b 的地址赋给 y，因此 y 的值为 EFO1。

（29）以下程序的输出结果是____。

```
#include<stdio.h>
main()
{
    int aa[5][5]={{5,6,1,8},{1,2,3,4},{1,2,5,6},{5,9,10,2}};
    int I,s=0;
    for(i=0;i<4;i++)
        s+=aa[i][2];
printf("%d",s);
}
```

A. 10   B. 19   C. 26   D. 20

答案 B

【解析】本题考查二维数组元素的引用。二维数组可以看成是一个矩阵，因此，aa[*i*][2]其实就是第 *i* 行的第 3 个元素，for 循环内的 s+=aa[*i*][2]其实就是将矩阵的第 3 列的数相加，即 s=1+3+5+10=19。

（30）以下语句定义正确的是____。

    A. int a[1][4]={1,2,3,4,5};

    B. float a[3][]={{1,2},{2,3},{3,1}};

    C. long a[2][3]={{1},{1,2},{1,2,3},{0,0}};

    D. double a[][3]={8};

    答案 D

【解析】本题考查如何对二维数组的元素赋值。选项 A，数组第二维的大小是 4，但是却赋给了 5 个元素，数组溢出。选项 B，C 语言规定，对于二维数组，只可以省略第一个方括号的常量表达式而不能省略第二个方括号中的常量表达式。选项 C，数组第一维的大小是 2，但是赋值超过了 2。选项 D，在对二维数组元素赋初值时，可以只对部分元素赋初值，未赋初值的元素自动曲 0。

（31）下列一维数组说明中，不正确的是____。

    A. int N;

        scanf("%d",&N);

        int b[N];

    B. float a[]={1,6,6,0,2};

    C. #define S 10

    D. int a[S+5];

    答案 A

【解析】本题考查一维数组的赋值。一维数组的一般定义格式为"类型说明符 数组名[常亮表达式]"，其中，"[]"中的内容可以是整型常量，也可以是整型表达式。选项 A 中的 N 是一个变量，所以错误。

（32）下面函数的功能是____。

```
sss(s,t)
char *s,*t;
{ while((*s)&&(*t)&&(*t++==*s++));
 return(*s-*t);
}
```

    A. 将字符串 s 复制到字符串 t 中

    B. 比较两个字符串的大小

    C. 求字符串的长度

    D. 将字符串 s 接续到字符串 t 中

    答案 B

【解析】*s-*t 的输出实际是比较两个字符的 ASCLL 码值，比较两个字符串的大小。

（33）以下程序的运行结果是____。

```
#include <stdiao.h>
#include "string.h"
void fun(char *s[],int n)
{
```

```
    char *t;int i,j;
    for(i=0;i<n-1;j++)
    if(strlen(s[i])>strlen(s[j])) {t=s[i]=s[j];s[j]=t;}
}
main()
{
    char *ss[]={"bcc","bbcc","xy","aaaacc","aabcc"};
    fun(ss,5);printf("%s,%s\n",ss[0],ss[4]);
}
```

A. xy,aaaacc　　　　　B. aaaacc,xy　　　　　C. bcc,aabcc　　　　　D. aabcc,bcc

答案 A

【解析】从 main()函数入手，定义了一个一维数组并赋初值，接着调用函数 fun()。函数 fun()的功能是：比较数组中各元素的长度，按元素长度从小到大的顺序排列元素，所以执行 fun（ss, 5）函数后，*ss[]={"xy","bcc","bbcc","aabcc","aaaacc"}，所以调用 printf()函数输出 ss[0]，ss[4]的值分别为 xy，aaaacc。

（34）若有以下定义，其中 $0<=i<=9$，则对 a 数组元素不正确的引用是____。

```
int a[]={0,1,2,3,4,5,6,7,8,9},*p=a,i;
```

A. a[p-a]　　　　　B. *(&a[i])　　　　　C. p[i]　　　　　D. a[10]

答案 D

【解析】此题考查对一维数组的引用。对于已定义的数组 a[M]，数组元素的正确引用必须满足下标小于 M 且为正整数。选项 D 中下标值出现溢出。

（35）C 语言中，凡未指定存储别的局部变量的隐含存储类别是____。

　　A. 自动（auto）　　　　　　　　　　B. 静态（static）
　　C. 外部（extern）　　　　　　　　　D. 寄存器（register）

答案 A

【解析】本题考查数据存储类型的基本知识点。凡未制定存储类别的局部变量的隐含存储类型都默认为自动类型。

（36）以下叙述中不正确的是____。

　　A. 预处理命令行都必须以#开始，结尾不加分号
　　B. 在程序中凡是以#开始的语句行都是预处理命令行
　　C. C 语言在执行过程中队预处理命令进行处理
　　D. 预处理命令可以放在程序中的任何位置

答案 C

【解析】本题考查预处理命令的特点。编译预处理命令的特点有：为了区分一般的语句，预处理命令行都必须以#开始，结尾不加分号；预处理命令可以放在程序中的任意位置；在程序中，凡是以#开始的语句都是预处理命令行。

（37）以下程序的输出结果是____。

```
#include<stdio.h>
#define F(x) 2.84+x
#define w(y) printf("%d",(int)(y))
#define p(y) w(y)
main()
{ int x=2;
  P(F(5)*x);
}
```

A. 12   B. 13   C. 14   D. 16

答案 A

【解析】本题考查带参数的宏定义及相关运算。P(F(5)*)=P(2.84+5*2)=p(12.84)，调用 w（12.84），输出（int）（12.84）=12。

（38）设有下面的定义，则要使 p 指向结构变量 d 中的 a 成员，正确的赋值语句是____。

```
struct st
{ int a;
    float b;
}d;
int *p;
```

A. *p=d.a;   B. p=&a;   C. p=d.a;   D. p=&d.a;

答案 D

【解析】本题主要考查按结构数组元素方式引用结构成员。结构体变量的成员引用方法有 3 种：①结构体变量名，成员名；②指针变量名->成员名；③（*指针变量名）成员名。因为 p 是指针变量，所以应该将地址值赋给 p。

（39）交换两个变量的值，不允许用临时变量，应该使用下列____位运算符。

A. &   B. ^   C. || D. ~

答案 B

【解析】按逻辑位运算的特定作用主要有 3 点：①用按位运算将特定位清 0 或保留特定位；②用按位或运算将特定的位运算设置为 1；③用按位异或运算将变量的特定位翻转或交换两个变量的值。

（40）如果需要打开一个已经存在的非空文件"FILE"并进行修改，正确的语句是____。

A. fp=fopen("FILE","r");   B. fp=fopen("FILE","a++");

C. fp=fopen("FILE","w++");   D. fp=fopen("FILE","r+");

答案 D

【解析】本题考查打开文件函数 fopen()。打开文件函数 fopen() 的调用形式：fp=fopen(文件名,文件使用方式)。文件使用方式说明：方式"r"为以输入方式打开一个文本文件；方式"a+"为以读/写方式建立一个新的文本文件；方式"r+"为以读/写方式打开一个文本文件。

二、填空题（每空 2 分，共 30 分）

（1）算法的复杂度主要包括_____复杂度和空间复杂度。

答案　时间

【解析】算法的复杂度主要包括时间复杂度和空间复杂度。算法的时间复杂度，是指执行算法所需要的计算工作量。算法的空间的空间复杂度是指执行这个算法所需的内存空间。

（2）对数据元素之间的逻辑关系的描述是_____。

答案　数据的逻辑结构

【解析】数据的逻辑结构是对数据元素之间的逻辑关系的描述。它可以用一个数据元素的集合和定义在此集合中的若干关系来表示。

（3）栈中允许进行插入和删除的一端叫作_____。

答案　栈顶

【解析】栈实际也是线性表，只不过是一种特殊的线性表。栈是只能在表的一端为栈顶，另一端为栈底。当表中没有元素是称为空栈。栈顶元素总是后被插入的元素，从而也是最后才被删除的元素。

（4）若按功能划分，软件测试的方法通常分为白盒测试方法和_____测试方法。

答案 黑盒

【解析】软件测试的方法和技术是多种多样的，对于软件测试方法和技术，可以从不同角度加以分类。若从是否需要执行被测试软件的角度划分，可分为静态测试和动态测试。若从功能划分，可划分为白盒测试和黑盒测试。

（5）在面向对象方法中，信息隐蔽是通过对象的_____性来实现的。

答案 封装

【解析】封装性是指从外面看只能看到对象的外部特征而不知道也无需知道数据的具体结构以及实现操作的算法。因此，在面向对象方法中，信息隐蔽是通过对象的封装性来实现的。

（6）定义"int a=5,b=20;"，若执行语句"printf（"%d\n",++a*--b/5%13; ）"执行后，输出的结果为____。

答案 9

【解析】此题考查的是算数运算符。依照运算级的优先性，首先执行"++"和"--"。"++a"执行之后 a 的值变为 6，++a*--b=（++a）*（--b）=6*19=114；此后再执行/和%，++a--b/5%13=114/5%13=22%13=9。

（7）执行程序时输入为 123456789，则程序运行结果为_____。

```
#include<stdio.h>
main()
{
int a,b;
scanf("%2d,%2d,%1d",&a,&b);
printf("%d\n",a-b);
}
```

答案 7

【解析】本题考查的是 scanf()函数。题目中，"%2d"是指读入整型数据，允许的数据宽度是 2 位；"*2d"指空余 2 位不读入。因此，最终读入的 a 的值为 12，b 的值为 5，即得到 a-b 的值为 7。

（8）以下程序运行后的输出结果是_____。

```
#uinclude<stdio.h>
main()
{ char ch[]="abcd",x[4][4];int i;
 for(i=0; i<4;i++)strcpy(x[i],ch);
 for(i=0; i<4;i++)printf("%s",&x[i][i]);
 printf("\n");
}
```

答案 abcdabcdabcdabcdbcdabcdabcdabcdd

【解析】本题考查的是二维数组。本题定义了一个 4 行 4 列的二维数组 x，通过 for 循环以及 strcpy()函数将数组 ch 的值"abcd"分别复制到了 x 数组的每一行，使得二维数组每一行的值均为"abcd"，再通过第二个 for 循环输出每一行上所要求输入的字符串。当 i=0 时，输出以 x[0][0]的地址为首地址的字符串"abcd"；当 x=1 时，输出以 x[1][1]的地址为首地址的字符串"bcd"；当 x=2 时，输出以 x[2][2]的地址为首地址的字符串"cd"；当 x=3，输出以 x[3][3]地址为首地址是字符串"d"。

（9）阅读下面程序，则程序的执行结果是_____。

```
#include "stdio.h"
main()
{ int a=10;
  fun(a);
```

```
printf("%d\n",a);}
fun(int x)
{x=50;}
```

答案   10

【解析】由于程序中，fun()函数的实参和形参进行的是值传递，所以形参值的改变不会影响到实参值。因此，变量 a 的值还是最初赋的初值 0。

（10）以下程序的输出结果是_____。

```
int  fun(int x,int y,int *p,int *q)
{  *p=x*y;
   *q=x/y;
}
main()
{  int a.b.c,d;
   a=4;b=3;
   fun(a.b.&c, &d);
   printf("%d,%d\n",c,d);
}
```

答案   12,1

【解析】此程序中函数 fun()的实参和形参进行的是地址的传递，被调用函数中的形参的改变会改变实参值。因此，c=3*4=12，d=4/3=1。

（11）下面的程序是求出数组 arr 的两条对角线上的元素之和，请填空。

```
#include<stdio.h>
main()
{  int arr[3][3]={2,3,4,8,3,2,,9,8} , a=0,b=0 , i , j ;
   for(i=0;i<3;i++)
       for(j=0;j<3;j++)
           if(i=j)
               a=a+arr[i][j];
   for(i=0;i<3;i++)
       for(_____;j>=0;j--)
           if(_____==2)
               b=b+arr[i][j];
   printf("%d,%d\n",a,b);
}
```

答案   j=2

i+j==2

【解析】本题要求是分别输出数组 arr 的两条对角线的元素之和。题目中给出的语句"if(i=j)a=a+arr[i][j];"，a 的值是正对角线元素 a[0][0]、a[2][2]的和；b 的值是另一对角线元素 a[0][2]、a[1][1]、a[2][0]之和，所以第一空白处填入"j=2"，使得内层循环 j 从 2 递减到 0；第二空白处填入"i+j==2"。因此，对角线元素的下标满足下标之和为 2。这样即可以得到 b 的值。

（12）函数 fun()的功能是：根据以下公式求 P 的值，结果由函数值返回。M 与 n 为两个正数且要求 m>n。

例如，m=12、n=8 时，运行结果应该是 495.000 000。请在题目的空白处填写适当的程序语句，将该程序补充完整。

```
#include<conio.h>
#include<stdio.h>
float fun (int m, int n)
```

```
            {
        float p=1.0;
            for(i=1;i<=m;i++)_____;
            for(i=1;i<=n;i++)_____;
            for(i=1;i<=m-n;i++)_____;
            return  p;
            }
        main()
            {
            Printf("p=%f\n",fun(12,8));
            }
```
　　答案　　p=p*i

　　　　　　p=p/i

【解析】本题中题目要求 m 和 n 的值分别为 12 和 8，得到的结果是 495.000 000。分析可知，（12！）/(8!)/(4!)即可得到结果，因此，第一个 for 循环处得到的是 12!，空白处填入"p=p*i"；第二空白处需得到（12！）/(8!)，故填入"p=p/i"。

　　（13）先有两个 C 程序文件"T18.c"和"myfun.c"同在 TC 系统目录（文件夹）下，其中，"T18.c"文件如下。

```
        #include<stdio.h>
        #include<myfun.c>
        main()
        { fun(); printf("\n");}
```
// "myfun.c"文件如下。
```
        void fun()
        { char s[80],c;  int n=0;
          while((c=getchar()!='\n')    s[n++]=c;
          n- -;
          while(n>=0)printf("%c",s[n- -]);
        }
```
当编译连接通过后，运行程序"T 18.c"时，输入"Hello!"，则输出结果是_____

答案　! olleH

【解析】本题考查的是"文件包含"处理功能。"文件包含"处理是指一个源文件可以将另一个源文件的全部内容包含进来，供源文件使用。此题中"myfun.c"就是被包含在"T18.c"下进行编译。"myfun.c"文件是实现字符串反序的功能，用 getchar()函数输入字符并赋给数组 s，每输入一个字符，数组下标 n 自行加 1，直到遇到回车键时结束输入。While（n>=0）下的条件语句就是来实现字符串反序功能的。

全国计算机等级考试笔试模拟试卷（2）

二级公共基础知识和 C 语言程序设计

（考试时间 90 分钟，满分 100 分）

一、选择题（（1）～（10）、（21）～（40）每题 2 分，（11）～（20）每题 1 分，70 分）

（1）数据结构主要研究的是数据的逻辑结构、数据的运算和____。

A．数据的方法 　　B．数据的存储结构 　　C．数据的对象 　　D．数据逻辑存储

答案 B

【解析】数组结构是研究数据元素及其之间的相互关系和数据运算的一门科学。它包括 3 个方面的内容，即数据的逻辑结构、存储结构、数据的运算结构。

（2）一棵二叉树的前序遍历结果是 ABCDEF，中序遍历结果是 CBAEDF，则其后序遍历的结果是____。

A．DBACEF 　　B．CBEFDA 　　C．FDAEBC 　　D．DFABEC

答案 B

【解析】由于该二叉树的前序遍历结果是 ABCEDF，显然 A 结点为根节点，所以后序遍历时 A 结点是最后遍历的，其后序的结果为 CBEFA。

（3）在数据处理中，处理的最小单位是____。

A．数据 　　B．数据项 　　C．数据结构 　　D．数据元素

答案 B

【解析】数据元素是由多个数据项组成，数据是能够被计算机识别、存储和加工处理的信息载体，数据处理的最小单位是数据项。

（4）在数据库系统的内部结构体系中，索引属于____。

A．模式 　　B．内模式 　　C．外模式 　　D．概念模式

答案 B

【解析】内模式又称物理模式，其给出了数据库物理存储结构与物理存取方法，如数据存储的文件结构、索引、集簇及 hash 等存取方式与存取路径。内模式的物理性主要体现在操作系统及文件级上，其还未深入到设备级上。

（5）以下____不属于对象的基本特性。

A．继承性 　　B．封装性 　　C．分类性 　　D．多态性

答案　A

【解析】对象具有如下特征。

- 表示唯一性。指对象是可区分的。
- 分类性。指可以将具有相同属性和操作的对象抽象成类。
- 多态性。指同一个操作可以是不同对象的行为。
- 封装性。从外面看只能看到对象的外部特征，而不知道也无需知道数据的具体结构以及实现操作的算法。
- 模块独立性。对象是面向对象的软件的基本模块，对象内部各种元素彼此结合的紧密，内聚性很强。

（6）数据库系统的核心是____。

A．数据模型 　　　　　　　　　　　B．软件开发

C．数据库设计 　　　　　　　　　　D．数据库管理系统

答案 D

【解析】数据库管理系统（DBMS）是数据库系统的核心，是负责数据库的建立、使用和维护的软件。DBMS 建立在操作系统之上，实施对数据库的统一管理和控制。用户使用的各种数据库命令以及应用的执行，最终都必须通过 DBMS。另外，DBMS 还承担着数据库的安全保护工作，按照 DBA 所规定的要求，保证数据库的完整性和安全性。

（7）开发软件所需高成本和产品的低质量之间有着尖锐的矛盾，这种现象被称作是_____。

    A. 软件矛盾　　　　B. 软件危机　　　　C. 软件耦合　　　　D. 软件生产

答案 B

【解析】随着计算机软件规模的扩大，软件本身的复杂性不断增加，研究周期显著变长，正确性难以保证，软件开发费用上涨，生产效率急促下降，从而出现了难以控制软件发展的局面，即软件危机。

（8）关系模型允许定义 3 类数据约束，下列不属于数据约束的是_____。

    A. 实体完整性约束　　　　　　　　　　B. 参照完整性约束

    C. 属性完整性约束　　　　　　　　　　D. 用户自定义完整性约束

答案 C

【解析】关系模型允许 3 个数据约束，它们分别是实体完整性约束、参照完整性约束、用户定义的完整性约束。

- 实体完整性约束

该约束要求关系的主键中属性值为空值，这是数据库完整性的最基本要求。

- 参照完整性约束

该约束是关系之间相关联的基本约束，它不允许关系不存在的元组：即在关系中的外键要么是所关联关系中实际存在的元组，要么是空值。

- 用户定义的完整性约束

用户定义的完整性就是针对某一关系数据库的约束条件，其反映某一具体应用所涉及的数据必须满足的语义要求。

（9）关系表中的每一行记录称为一个_____。

    A. 字段　　　　　B. 元组　　　　　C. 属性　　　　　D. 关键码

答案 B

【解析】在关系表中，每一行称为一个属性，对应表中的一个字段；每一行称为一个元组，对应表中的一条记录。

（10）在数据库管理技术的发展中，数据独立性最高的是_____。

    A. 人工管理　　　　B. 文件系统　　　　C. 数据库系统　　　　D. 数据模型

答案 C

【解析】在人工管理阶段，数据无法共享，冗余度大，不独立，完全依赖程序；在文件系统阶段，数据共享性差；在数据库系统阶段，共享性好，独立性高。

（11）以下叙述的错误的是_____。

    A. C 语言区分大小写

    B. C 程序中的一个变量，代表内存中一个相应的存储单元，变量的值可以根据需要随时修改

    C. 整数和实数都能用 C 语言准确无误的表达出来

    D. 在 C 程序中，正整数可以用十进制、八进制和十六进制的形式表示

答案 C

【解析】本题涉及 C 程序最基本的 3 个概念：①C 语言是区分大小写的，比如 q 和 Q 是两个不同的变量；②变量就是在内存中占据一定的存储单元，该存储单元里存放的是该变量的值，而变量的值可以根据需要进行修改；③整数在允许的范围内可以准确地表示出来，但不可以表示无

限度的实数，而正整数可用二进制、十进制、八进制和十六进制表示。

（12）以下不正确的转义字符是____。

    A. '\\'   B. '\t'   C. '\n'   D. '088'

答案 D

【解析】\\是反斜线转义字符；\t 是水平格转义字符；\n 是换行转义字符；C 语言中没有规定 088 是转义字符。

（13）可在 C 程序中用作用户标识符的一组标识符是____。

    A. void define   WORD   B. as_b3   _123   If

    C. For   —abc   case   D. 2c   DO   SIG

答案 B

【解析】C 语言规定，标识符是由字母、数字或下画线组成，并且他的第一个字符必须是字母或下画线，关键字不能用作用户标识符。

（14）若变量已正确定义并赋值，则以下符合 C 语言语法的表达式是____。

    A. a = a +7 ;   B. a = 7 + b = c , a ++

    C. int(12 . 3%4)   D. a= a+7 = c+b

答案 B

【解析】A 选项是 C 语句，不是表达式。B 选项是利用一个逗号表达式给 a 赋值。C 选项的%（求余运算符）要求两个运算对象都必须是整型；D 选项错在用表达式给表达式赋值，但是 C 语言中可以给自身赋值变量，如 a=a+1。

（15）有以下程序段，并已知字符 a 的 ASCII 十进制代码为 97，则执行程序段后输出地结果是____。

```
char ch ; int k ;
ch = 'a' ; k=12;
printf ("%c,%d,",ch,ch,k);
printf("k=%d\n",k);
```

    A. 因变量类型与格式描述符的类型不匹配输出无定值

    B. 输出项与格式描述符个数不符，输出值为零值或不定值

    C. a , 97, 12k = 12

    D. a ,97, k= 12

答案 D

【解析】在基本输出函数 printf()时，格式说明与输出项的个数应该相同。如果格式说明的个数少于输出项的个数，多余的输出项不予输出。如果格式说明个数多余输出项个数，则对于的格式项输出不定植或 0。

（16）下列叙述错误的是____。

    A. 计算机不能直接执行用 C 语言编写的源程序

    B. C 程序经 C 编译程序编译后，生成后缀为 .obj 的文件是一个二进制文件

    C. 后缀为 .obj 的文件，经连接程序生成后缀为 .exe 的文件是一个二进制文件

    D. 后缀为 .obj 和 .exe 的二进制文件都可以直接运行

答案 D

【解析】C 源程序经过程序编译之后生成一个后缀为.obj 的二进制文件（成为目标文件），然后有成为连接程序的软件文件与 C 语言提供的各种库函数连接起来生成一个后缀为.exe 的可运行文件。

（17）当变量 c 的值不为 2、4、6 时，值也为"真"的表达式是____。

A. (c==2)||(c==4)||(c==6)　　　　　B. (c>=2&&c<=6)||(c!=3)||(c!=5)

C. (c>=2&&c<=6)&&!(c%2)　　　　　D. (c>=2&&c<=6)&&!(c%2!=1)

答案 B

【解析】逻辑或运算中，只要有一项为真，表达式的值就为真，因此，选项 B 中，c 的值不为 2、4、6 时，表达式的值也为真。

（18）若有代数式 $\sqrt{\ln^x + e^x}$（其中 e 仅代表自然对数的底数，不是变量），则下列能够正确表示该代数式的 C 语言表达式是____。

A. sqrt(abs(n^x+e^x))　　　　　　B. sqrt(fabs(pow(n,x)+pow(x,e)))

B. sqrt(fabs(pow(n,x)+exp(x)))　　D. sqrt(fabs(pow(x,n)=exp(x)))

答案 C

【解析】n 和 e 的 x 幂次方要分别调用 C 语言的数学库函数 double pow(n, x)和 double exp(x)，因为这两个函数的返回值都是 double 型，所以对两者的和计算绝对值，需调用库函数 double fabs(pow(n，x)+exp(x))，以求出和的绝对值。之后，再调用平方函数 double sqrt(pow(n，x)+exp(x))。这样计算出的结果就是题干中表达式的值。

（19）设有定义"int k =0"，下列选项的 4 个表达式中与其他 3 个表达式的值不同的是____。

A. k++　　　　　B. k+ =1　　　　　C. ++k　　　　　D. k+1

答案 A

【解析】因为题中有语句"int k=0"，所以选项 B、C、D 都是对 k 的值加 1，而选项 A 的语句"k++;"表示利用 k 的值进行运算，然后 k 的值才加 1。

（20）有下列程序，其中，%u 表示按无符号整数输出，那么程序运行后的输出结果是____。

```
main()
{ unsigned int x = 0xFFFF; /*x 的初值为十六进制数*/
printf("%u\n",x);
}
```

A. -1　　　　B. 65535　　　　C. 32767　　　　D. 0xFFFF

答案 B

【解析】%u 格式符表示以十进制形式输出无符号整形变量。本题中，无符号整形变量 x 表示十六进制无符号整形变量的最大值 65535，所以最后输出的结果为 65535。

（21）下面程序的运行结果是____。

```
for (i=3;i<7;i++) printf((i%2)?("**%d\n") : ("##%d\n"),i) ;
```

A. **3　　　　B. ##3　　　　C. ##3　　　　D. **3

　　##4　　　　　**4　　　　　**4　　　　　##4

　　**5　　　　　##5　　　　　##5　　　　　**5

　　**6　　　　　**6　　　　　##6　　　　　##6

答案 D

【解析】本题考查 printf()函数的输出格式和条件表达式"？:"的使用。printf()函数输出时，"**%d\n"和"##%d\n"中的"##"和"**"都是直接输出。条件表达式的基本格式为"a? b:c"，运算规则为：当 a 为非 0 时，整个的表达示的值取 b 的值；当 a 为 0 时，整个表达式的值取 c 的值。

（22）下列程序的输出结果是____。

```
main ()
{ int a=0,b=0;
    a =10;   /*给 a 赋值
    b =20;    给 b 赋值*/
    printf("a+b=%d\n",a+b);  /*输出计算结果*/
}
```

A. a+b=10　　　　 B. a+b=30　　　　 C. 30　　　　 D. 出错

答案 A

【解析】C 语言规定，在字符 "/*" "*/" 中间的部分是注释，不参与程序的编译和运行，因此，本题中程序的语句 "b=20;" 没有执行，所以选 A。

（23）运行下列程序时，若输入数据为 321，则输出结果是____。

```
main ()
{ int num ,i,j,k,s;
  Scanf("%d",&num);
  if (num>99)
          s=3;
  else if (num>9)
          s=2;
      else  s=1;
  i=num/100;
  j=(num-i*100)/10;
  k=(num-i*100-j*10);
  swith(s)
  {    case 3:printf("%d%d%d\n",k.,j,i); break;
       case 2:printf("%d%d\n",k,j);
       case 1:printf("%d\n",k);
  }
}
```

A. 123　　　　 B. 1,2,3　　　　 C. 321　　　　 D. 3,2,1

答案 A

【解析】本题考察 if-else 语句和 swith 语句。Scanf() 函数通用键盘读入 num 的值。因为 num=321>99，所以 s=3、i=3、j=2、k=1。因为 s= 3，所以执行 case3，输出 k、j、i 的值，并通过 break 结束进程。

（24）以下程序的运行结果是____。

```
#include<stdio.h>
main()
{ struct  date
    {int year,month,day;}today;
    printf("%d\n",sizeof(struct date));
    }
```

A. 6　　　　 B. 8　　　　 C. 10　　　　 D. 12

答案 A

【解析】本题考查结构体所占的存储单元。程序中，Sizeof(struct date)=2+2+2=6（因为结构体的 3 个成员均为 int 类型，各占两个存储单元）。

（25）判断 char 型变量 c1 是否为小写字母的正确表达式是____。

A. 'a'<=c1<='z'　　　　　　　　　　 B. (c1>=a)&&(c1<=z)

C. ('a'>=c1)||('z'<=c1)   D. (c1>='a')&&(c1<='z')

答案 D

【解析】 c 语言规定，字符常量在程序中要用单引号括起来。首先判断 c1 是否为小写字母的主要条件 "c1>='a'" 和 "c1<='z'" 是逻辑与关系，其次选 A 的这个形式 C 语言中没有，所以 D 正确。

（26）当输入为 "Hi,Lily" 时，下面程序的执行结果是____。

```
#include<stdio.h>
main()
{char c;
while(c!=`,`)
  {
  c=getchar();
  putchar(c);
  }
}
```

A. Hi,　　　　　B. Hi,Lily　　　　　C. Hi　　　　　D. HiLily

答案 A

【解析】 本程序是通过 getchar()函数读入字符，指针 p 指向 c 数组首地址，并通过 putchar()函数将 p 所指的字符逐个输出，当字符为 ","时停止输出。

（27）下面 4 个关于 C 语言的结论中错误的是____。

A. 可以用 do-while 语句实现的循环一定可以用 while 语句实现

B. 可以用 for 语句实现的循环一定可以用 while 语句实现

C. 可以用 while 语句实现的循环一定可以用 for 语句实现

D. do-while 语句与 while 语句的去边仅是关键字 "while" 的出现位置不同

答案 D

【解析】 本题考查几个循环语句的关系。do-while 语句、while 语句、for 语句可以相互替代。do-while 语句和 while 语句的区别是 do-while 语句至少执行一次，再判断循环条件，while 语句先判断条件在执行。

（28）若有以下程序段，则以下表达式为 5 的是____。

```
struct  st
{ int n;
  int *m;};
int a=2,b=3,c=5;
struct st s[3]={{101,&a},{102,&c},{103,&b}};
main()
{struct st *p;
  P=s;
  ---}
```

A. (p++)->m　　B. *(p++)->m　　C. (*p).m　　　　D. *(++p)->m

答案 D

【解析】 本题考查通过指针引用数组元素的方法。上述程序中，首先定义了一个结构体，然后定义了一个结构体变量 s[1].m 的值，是指针 p 指向 s[1]，++p 可以实现将 p 指针加 1，指向 s[1]。

（29）下列程序的运行结果是____。

```
#include<stdio.h>
 void sub(int*s,int*y)
 { static int m=4;
   *y=s[0];
```

```
        m++;
    }
void main()
{ int a[]={1,2,3,4,5},k;
   int x;
printf("\n");
for(k=0;k<=4;k++)
   {    sub(a,&x):
    printf("%d",x);
   }
}
```

A. 1,1,1,1,1,   B. 1,2,3,4,5,,   C. 0,0,0,0,0,   D. 4,4,4,4,4,

答案 A

【解析】本题中，sub(int*s，int*y)函数的参数是两个指针型变量，可在函数体内将数组 s 的第一个元素赋给 y。主程序内，首先定义了一位数组并赋初值，然后通过 for 循环，5 次调用 sub(a,&x) 函数，每一次调用都是将数组 a 的第一个元素 1 赋给 x，并输出。

（30）以下程序的输出结果是____。

```
point (char*pt);
main()
{ char b[4]={'m','n','o','p'},*pt=b;
 point(pt);
printf("%c\n",*pt);
}
point(char*p)
{p+=3;}
```

A. p   B. o   C. n   D. m

答案 D

【解析】在 point(char*p)函数中，只进行了值传递，没有进行地址传递，所以调用 point 函数后，变量 pt 的值未改变。

（31）C 语言中规定，程序中各函数之间____。

A. 既允许直接递归调用，也允许间接递归调用

B. 不允许直接递归调用，也不允许间接递归调用

C. 允许直接递归调用，不允许间接递归调用

D. 不允许直接递归调用，允许间接递归调用

答案 A

【解析】本题考查函数基本调用概念。在函数调用时，只要符合函数的使用规则，程序中的各个函数间既可以直接调用其他函数，也可以递归调用其本身。

（32）以下程序的输出结果是____。

```
#include<stdio.h>
main()
{ int a[3][3]={0,1,2,0,1,2,0,1,2},I,j,s=1;
   for(i=0;i<3;i++)
   for(j=i;j<=i;j++)
   s+=a[i][a[j][j]];
printf("%d\n",s);
}
```

A. 3   B. 4   C. 1   D. 9

答案 B

【解析】当层次循环为 i 时，内循环 j 的值只能取 j=i，所以 s+=a[i][a[i][j]]。当 i=0 时，s=s+a[0][a[0][0]]=s+ a[2][a[2][2]]=s+a[2][2]=2+2=4。

（33）以下程序的输出结果是____。

```
#inlcude<stdio.h>
# inlcude<string.h>
main()
{ char a[][7]={"ABCD","EFGH","IJKL","MNOP"},k;
 for (k=1;k<3;k++)
        printf("%s\n",&a[k][k]);
}
```

A. ABCD	B. ABC	C. EFG	D. FGH
FGH	EFG	JK	KL
KL	IJ	JK	KL
M			

答案 D

【解析】本题考查二维数组和 for 循环，&a[1][1]进行循环操作是数组 a[1]从第 2 个字母开始输出，&a[2][2]进行循环操作是数组 a[2]从第 3 个字母开始输出。

（34）当用 "#define F 37 .5f" 定义后，下列叙述正确的是____。

A. F 是 float 型数   B. F 是 char 型数

C. F 无类型   D. F 是字符串

答案 D

【解析】#define 标识符形参表达式。题中，f 是代表形参表标识符。

（35）在一个 C 源程序文件中，要定义一个只允许本文件中所有函数使用的全局变量，则该变量需要使用的存储类别是____。

A. auto   B. register   C. extern   D. static

答案 D

【解析】auto 类定义的自动变量实质上是一个函数内部的布局变量，作用域是在所说明的函数中。register 说明只能用于说明函数中的变量和参数中的形参，因此不允许将外部或静态变量说明为 register。extern 是定义在所有函数之外的全局变量，可以被所有函数访问，在所有的函数体内部是有效的，所以函数之间可以通过外部变量直接传递数据。static 为允许本源文件中所有函数使用的全局变量。

（36）下列说法正确的是____。

A. 宏定义是 C 语句，要在行末加分号

B. 可以使用#undefine 提前结束宏名的使用

C. 在进行宏定义时，宏定义不能嵌套

D. 双引号中出现的宏名也要进行替换

答案 B

【解析】本题考查宏的使用规则：字符替换格式为 "#define 标识符 字符串"，行末不加分号；双引号中部出现的宏名不替换；如果提前结束宏名的使用，程序中可以使用#ddefine；在进行宏定义时，宏定义能层层置换，能够嵌套。

（37）下面程序的输出结果是____。

```
typedef union {long x[1];
                int y[4];
                char z[10];
               }M;
  M t;
  main()
    { printf("%f\n",sizeof(t));
  }
```

A. 32   B. 26   C. 10   D. 4

答案 C

【解析】联合体所占得内存空间为最长的成员所占用的空间。题中，联合体的 z[10]成员是联合体中占空间最长的成员。

（38）以下程序中函数 sort()的功能对 a 数组中的数据进行有大到小的排序，则程序运行后的输出结果是_____。

```
void sort(int a[], int n)
{ int i,j,t;
  for (i=0;i<n-1;i++)
    for(j=i+1;j<n;j++)
    if (a[i]<a[j]){t=a[i];a[i]=a[j];a[j]=t;}
  }
main()
{int aa[10]={1,2,3,4,5,6,7,8,9,10},I;
  sort (&aa[3],5);
  for(i=0;i<10;i++)printf("%d,",aa[i]);
}
```

A. 1,2,3,4,5,6,7,8,9,10,   B. 10,9,8,7,6,5,4,3,2,1,
C. 1,2,3,8,7,6,5,4,9,10,   D. 1,2,10,9,8,7,6,5,4,3,

答案 C

【解析】程序中 sort()函数的功能是对数组中的数据进行从大到小的排序。主函数 main()中，调用函数 sort(&aa[3],5)中的数组 aa 中从 4 个元素开始的 5 各元素从大到小的顺序，数组 aa 中元素变为 1，2，3，8，7，6，5，4，9，10。

（39）设 x=061、y=016，则 z=x|y 的值是_____。

A. 00001111   B. 11111111   C. 00111111   D. 11000000

答案 C

【解析】本题主要考察按位或运算，x=016，y=016。

（40）函数 rewind（fp）的作用是_____。

A. 是 fp 指定的文件的位置指针，以重新定位到文件的开始位置
B. 将 fp 指定的文件的位置指针，指向文件中要求的特定位置
C. 使 fp 指定的文件的位置指针，指向文件末尾
D. 使 fp 指定的文件的位置指针，自动移至下一个字符位置

答案 A

【解析】位置指针重返文件头函数 rewind()的条用形式为 rewind(fp)，其中，fp 指定的文件的位置指针重返定位到文件的开始位置。

二、填空题（每空 2 分，共 30 分）

（1）在树形结构中，没有前件的节点是_____。

答案 根节点

【解析】每个节点只有一个前件，称为父节点。没有前件的节点，只有一个，称为树的根节点，简称为树的根。每一个节点可以有多个后件，它们都称为该节点的子节点。一个节点所拥有的后件个数称为树的节点度。数的最大层次称为树的深度。

（2）软件工程研究的内容主要包括：软件开发技术和_____。

答案 软件工程管理

【解析】软件工程研究的内容主要包括：软件开发技术和软件管理工程。软件开发技术包括软件开发方法学、开发过程、开发工具和软件工程环境，其主要内容是软件开发方法学。软件工程管理包括软件管理学、软件工程经济学、软件心理学等。

（3）用树形结构表示实体类型及实体间联系的数据模型称为_____。

答案 层次模式

【解析】在数据模型中，用二维表表示关系模型，用图表示网状模型，用树型结构表示层次模型。

（4）在数据流图的类型中有两种类型，它们是变换型和_____。

答案 事务性

【解析】典型的数据流成型有两种：变换型和事务性。

（5）当数据的物理结构（存储结构、存取方式等）改变时，不影响数据库的逻辑结构，从而不致引起应用程序的变化，这是指数据的_____。

答案 物理独立性

【解析】数据的独立性一般分为物理独立性和逻辑独立性两种。

● 物理独立性：指用户的应用程序与存储在磁盘上的数据库中的数据是相互独立的。当数据的物理结构包括存储结构、存取方式等改变时，如存储设备的更换、物理存储的更换、存取方式的改变等，应用程序都不用改变。

● 逻辑独立性：指用户的应用程序与数据库的逻辑结构是相互独立的。数据的结构改变了，如修改数据的模式、增加新的数据类型、改变数据见的联系等用户程序都不用改变。

（6）当 m=1、n=2、a=3、b=2、c=4 时，执行 d=(m=a!=b)&&(n=b>c)后，m 的值是_____。

答案 1

【解析】1. 运算符的优先顺序："!=" 高于 "="

（7）下列程序的输出结果是 16.00，请填空。

```
main()
{int a=9,b=2;
float x=_____
floaty=1.1,2;
z=a/2+b*x/y+1/2;
printf("%5.2f\n",z);
}
```

答案 6.6

【解析】此题考查的是基本运算符的应用。题目中，z 的值为 16.00，且 z=a/2+b*x/y+1/2，因为 z 是 float，所以 a/2 得到的值为 4.00，1/2 的值为 0.00，据此可得到 b*x/y 的值为 12.00，那么 float 型数据的 x 的值必须为 6.6。

（8）若运行输入 3 然后回车，则以下程序的输出结果是_____。

```
main()
```

```
{ int a,b;
  sanf("%d\n",&a);
  b=(a>=0)? a : - a;
  printf("b=%d",b);
}
```

答案　b=3

【解析】条件表达式的基本格式为"表达式 1？表达式 2：表达式 3"，其功能是：表达式 1 的值如非 0，则计算表达式 2 的值，且为最终结果；若表达式 1 的值为 0，则计算表达式 3 的值且为最终结果。题中，因为 a=3，则 a>=0 成立，所以 b=a=3。

（9）以下程序的运行结果是＿＿＿＿＿＿＿＿。

```
#define MAX(a,b) (a>b?a:b)+1
main()
{int i=6 ,j=8 ,k;
printf ("%d\n",MAX(i,j));
}
```

答案　9

【解析】本题考察的是条件运算符的应用。带参数的宏定义中的 MAX() 函数的功能是选出 *a* 和 *b* 中较大的数后加 1。main() 函数中，显然 *j* 比 *i* 大，所以输出的是 *j* 加 1 后的值 9。

（10）下面程序的运行结果是＿＿＿＿＿＿＿＿。

```
#include<stdio.h>
main()
{ int a,b,c,n;
a =2;b=0;c=1;n=1;
while(n<=3)
{c=c*a;b=b+c;++n;}
printf("b=%d",b);
}
```

答案　b=14

【解析】分析程序可知，n 的初始值为 1，因此，while(n<=3) 循环 3 次：第 1 次，c=c*a=2，b=b+c=2，n=2；第 2 次，c=c*a=4，b=b+c=6，n=3；第 3 次，c=c*a=8，b=b+c=14，n=4。当 n=4 时，判断条件不足，退出循环。

（11）下程序的输出结果是＿＿＿＿＿＿＿＿。

```
#include<stdio.h>
main()
{ int i=0,j=0;
  do
    { j=j+i;
      i - -;
    }while(i>5);
    printf("%d\n",j);
}
```

答案　40

【解析】分析程序可知，初始值 i=10、j=0，这时 do 循环中的"j=j+I;"语句计算结果为 10，"i--;"执行后 i=9；满足循环条件，继续执行循环，j=j+i=10+9=19，i=8；满足循环条件，继续循环，j=j+i=27+7=34，i=6；继续循环，j=j+i=34+6=40，i=5。此时不满足条件 i>5，退出循环。因此，最后 j= 的值为 40。

（12）下列程序的功能是：求出 ss 所知字符串中指定字符的个数，并返回此值。例如，若输入 123412132，再输入字符 1，则输出字符 3。请填空。

```
              #include<conio.h>
#include<stdio.h>
#define M 81
 int fun(char *ss,char  c)
{ int i=0;
for(;_____;ss++)
if(*ss==c)i++;
return i;}
main()
{ char a[M],ch;
printf("\nP;ease  enter  a  string :");gets(a);
printf("\nPlease  enter  a  char :"); ch=getchar();
printf("\nThe  number  of  the  char is:%d\n",fun(a,ch));}
```

答案　*ss!='\0'

【解析】本题考查的是指针的应用。题目要求求出字符串 ss 中指定字符数的个数。分析整个程序，空缺处是检验指针 ss 是否指向了字符串的末尾，如没有，即执行下面语句。再判断指针 ss 指向的字符是否字符 c，若是，i 自加 1。因此，空缺处填入 "*ss!='\0'"，作为循环终止的条件。

（13）以下程序是求矩阵 a. b 的和，结果存入矩阵 c 中，请填空。

```
#include<stdio.h>
main()
{ int   a[4][4] ={{1,2,6,7},{0,4,2,-8},{1,4,5,2},{2,4,6,8}};
    int  b[4][4]={{-4,0,7,9},{2,-7,7,4},{6,9,0,1},{8,8,6,5}};
    int  i,j,c[4][4];
for (i=0;i<4;i++)
for(j=0;j<4;j++)
            printf("%d",c[i][j]);
```

答案　a[i][j]+b[i][j]

【解析】求两个矩阵的和只要将对应元素相加即可。

（14）以下程序的输出结果是_____。

```
main()
{ char*p[]={"ABC","DEF","GHI","JKL"};
    int i;
    for(i=3;i>=0;i- -,i- -)
     printf("%c",*p[i]);}
```

答案　JD

【解析】第一次循环，i=3,*p[3]=JKL，但因为是以%c 格式输出，只能输出一个字符，所以只能输出 J。第二次循环，i=1,*p[1]=DEF，同样也只能输出 D。

（15）下列程序的运行结果是_____。

```
#include<stdio.h>
  void main()
{ int s=0,k;
for(k=7;k>1;k- -)
{ switch(k)
  { case 1:
    case 4:
    case 7:
    s++;break;
    case2:
    case 3:
```

```
            case 6:
                    break;
            case 0:
            case 5:
                    s+=2;break;
            }
        }
    printf("s=%d",s);
    }
```

答案　s=4

【解析】程序运行时，当 k=7 时，执行"case7:"后的语句"s++;"之后，s=1，k=6；继续循环 switch(6)，执行"case6:"后的语句"break;"，k=5；继续循环 switch(5)，执行"case5:"后的语句"s+=2;"，s=3，k=4；继续循环 switch(4)，执行"case4:"后的空语句，s=4，k=3；继续循环 switch(3)，执行"case3:"后的空语句后，k=2；继续循环 switch(2)，执行"case2:"后的空语句后，k=1。这时，不满足循环条件 k>1，所以退出循环，输出 s=4。

第三部分
上机指导

实验一　初识 C 语言程序及其运行环境

实验目的及要求

1. 了解 Windows 环境下 Visual C++ 6.0 集成编辑环境，了解基本操作并能够独立使用。
2. 掌握 C 语言程序的创建、编辑、编译、链接和运行的方法。
3. 理解 C 语言程序的结构。
4. 通过运行简单的 C 程序，初步了解 C 源程序的特点。

实验内容 1　Visual C++ 6.0 的安装和启动

实验分析与指导

Visual C++ 是 Microsoft 公司提供的在 Windows 环境下进行应用程序开发的 C/C++编译器。可以使用 Visual Basic 脚本来自动操纵例行的和重复的任务，可以将 Visual Studio 及其组件当做对象来操纵，还可以使用 Developer Studio 查看 Internet 上的 World Wide Web 页。

使用从 Visual Studio 6.0 的光盘，运行 Visual C++ 6.0 安装程序（文件名为"Setup.exe"），安装完成之后，就可以从【开始】菜单中运行 Visual C++ 6.0，如图 1-1 所示。通常，Visual C++ 6.0 的外观如图 1-2 所示。

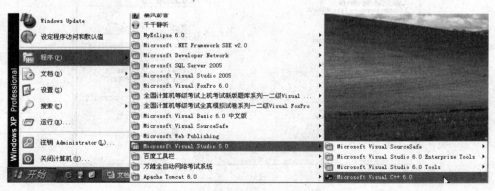

图 1-1　启动 Visual C++ 6.0 界面

在需要使用 Visual C++ 6.0 时，只需要选择【开始】→【程序】→【Microsoft Visual Studio 6.0】→【Micrsoft Visual C++ 6.0】命令即可，打开【Visual C++ 6.0】编程环境。如图 1-2 所示，编写一个简单 C 程序 "hello.c" 的界面。

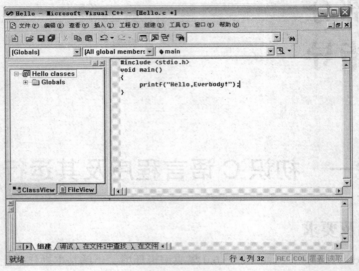

图 1-2 Visual C++ 6.0 的环境界面

实验内容 2 编辑源程序

（1）新建一个 C 源程序。这里一单文件程序为例，即程序只有一个源程序文件组成。

实验分析与指导

如果要新建一个源程序 "Hello.c"，可以采取如下步骤。

① 在主窗口的主菜单栏中选择【文件】→【新建】菜单命令，在打开的【新建】对话框，如图 1-3 所示，共有 4 个选项卡，默认为【工程】选项卡，其中列出 VC++ 6.0 可以建立的项目类型，从中选择【Win32 Console Application】（Win32 控制台应用程序）。

图 1-3 【新建】对话框

② 在【工程名标】文本框中输入项目名"hello.c",在【位置】文本框中为项目制定存放位置,单击【确定】按钮进入下一步。

③ 接下来弹出一个对话框,如图 1-4 所示,在这里建立应用程序的类型,通常选择默认选项——【一个空工程】,然后单击【完成】按钮,进入最后一步。

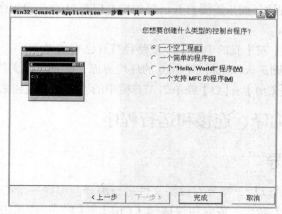

图 1-4 选择对话框

④ 打开【新建工程信息】对话框,如图 1-5 所示,单击【确定】按钮,整个项目就建好了。图 1-6 所示为一个空的项目界面。

图 1-5 新建工程信息

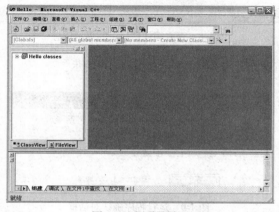

图 1-6 空项目界面

⑤ 输入图 1-2 中的程序，检查没有错误后将程序保存在前面指定的文件中，方法是：在主菜单栏中选择"文件"→"保存"命令，也可以用快捷键【Ctrl】+【S】来保存文件。如果不想讲源程序存放到指定的文件中，可以不选择【保存】命令，而选择【另存为】命令，并在弹出的【另存为】对话框中指定文件路径和文件名。

（2）打开一个已有程序。如果需要打开已经编辑并保存过的 C 源程序或对其进行修改，具体步骤如下。

① 在【资源管理器】或【我的电脑】中按路径打开已有的 C 程序。

② 双击此文件名，则进入 Visual C++ 6.0 的环境界面，并打开该文件，程序则显示在编辑窗口中。也可以用快捷键【Ctrl】+【O】或单击工具栏中的【打开】按钮来打开文件。

实验内容 3　编译、连接和运行程序

实验分析与指导

在编辑和保存源文件以后，需要对该源文件进行编译。编译一个 C 程序有以下 3 种方法：选择【组建】→【编译】命令；或者用快捷键【Ctrl】+【F7】；或单击菜单栏上的快捷按钮进行编译。

在选择编译命令后，弹出图 1-7 所示对话框，单击【是】按钮，表示同意由系统建立默认的项目工作区，然后开始编译。

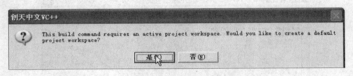

图 1-7　编译程序提示对话框

在进行编译时，编译系统检查员程序中有无语法错误，然后在主窗口下部的调试信息窗口输出编译的信息。如果有错，就会指出错误的位置和性质。查看编译窗口中的提示错误信息，如图 1-8 所示，其中显示错误数为 0，警告为 0。

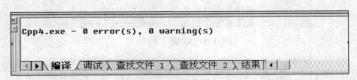

图 1-8　查看编译窗口中的提示信息

运行程序，查看运行结果，分别如图 1-9 至图 1-10 所示。

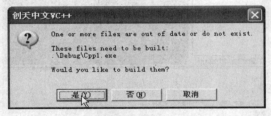

图 1-9　运行程序确认对话框

图 1-10　结果运行界面

由于 VC++是一个庞大且复杂的软件开发平台，所涉及的内容也相当广泛，因此真正掌握还需要不断地学习和实践，其具体方法和介绍可参阅相关资料。

实验内容 4　C 语言运行程序实例

（1）输入并运行一个简单的、正确的程序。

① 输入下面的程序。

```
#include<stdio. h>
void  main()
{
printf("Unbelievable , amazing!\n");
}
```

② 对源程序进行编译，观察屏幕上显示的编译信息。如果出现"出错信息"，则应找出原因并改正之，再进行编译。如果无错，则进行连接。

③ 如果编译连接无错误，使程序运行，观察分析运行结果。

（2）求两个整数 a 和 b 的和，结果存储在 c 变量中，其中 a 的值为 123，b 的值为 456。

（3）输入并编辑一个有错误的 C 程序。

① 以下是从键盘上输入两个数之和的计算程序，请分析错误，并上机改正、调试、运行。

```
Main()
int p,x,y;
scanf("%d%d",&x,%y)
printf("The sum of x and y is: %d",p)
p=x+y
```

② 输入以下程序，请分析错误，并上机改正、调试、运行。

```
#include<stdio. h>
void main()
{int a, b, sum
a=123;
b=456;
sum=a+b
printf("sum is%d \ n", sum);
}
```

（4）编写一个能显示"早上好"的程序，运行后在屏幕上显示如下信息。

```
Good Morning, Everyone!
```

参考答案

（1）略。

（2）参考答案。

```
#include <stdio.h>
void main()
{
 int a;
 int b;
 int c;
a=123;
b=456;
c=a+b;
printf("a+b=%d",c);
printf("\n");
}
```

（3）分步骤做以下解答。

① 相关分析如下。

a. 第 1 行主函数 Main()应修改为 main()。

b. 主函数的函数体应加花括号。

c. scanf()函数中变量 y 前应为 "&" 符号。

d. 后面 3 行结尾少了语句结束标记 ";" 号。

e. 应是先计算后输出，即最后两行交换。

正确程序如下。

```
main()
 {
int p,x,y;
scanf("%d%d",&x,&y);
p=x+y;
printf("The sum of x and y is: %d",p);
 }
```

② 略。

（4）参考程序如下。

```
#include<stdio.h>
main()
{
printf("Good Morning,Everyone!");
}
```

实验作业

1. 编写程序求两个整型变量的差。

2. 编写程序求两个变量的平均数。

实验二　顺序结构

实验目的及要求

1. 熟悉 C 语言的基本语句，掌握 C 语言中使用最多的一种语句——赋值语句的使用方法。

2. 掌握输入输出函数 scanf()、printf()、getchar()、putchar()的用法。

3. 能设计使用顺序设计简单结构程序。

实验内容

分析以下程序，设计输入数据，写出运行结果，再输入计算机运行，将得到的结果与分析得到的结果对比。

实验分析与指导

1. 通过运行有输出的程序掌握各种输出格式的正确使用方法。

（1）用函数 getchar()输入 3 个字符 "B""O""Y"，然后用函数 putchar()输出。

（2）在此基础上，如何使每一行单独显示一个字符？

2. 编写一个程序，计算以 r 为半径的圆周长、圆面积、圆球表面积、圆球体积，其中 r 的值从键盘上输入，输出结果时取小数点后两位数字并要有文字说明。

3. 编写程序实现交换变量 a 和 b 的值。

4. 先分析下面程序的功能，然后输入一个 3 位整数进行调试，看一看分析的结果是否正确。

```
#include <stdio.h>
void main()
{
int n,x1,x2,x3,y;
printf("Enter n:");
scanf("%3d",&n);
x1=n/100;
x2=n/10%10;
x3=n%10;
y=x3*100+x2*10+x1;
printf("y=%d",y);
}
```

参考答案

1. 按照题目要求，相关程序代码如下。

```
#include <stdio.h>
void main()
{
Char c1;
Char c2;
Char c3;
c1=getchar();
c2=getchar();
c3=getchar();
putchar(c1);
putchar(c2);
putchar(c3);
putchar('\n');
}
```

2. 参考代码如下。

```
#include <stdio.h>
void main()
{
```

```
char c1;
char c2;
char c3;
c1=getchar();
c2=getchar();
c3=getchar();
putchar(c1);
putchar('\n');
putchar(c2);
putchar('\n');
putchar(c3);
putchar('\n');
}
```

3. 参考代码如下。

```
#include <stdio.h>
main()
{
int a,b,temp;
printf("请输入变量 a 和 b 的值: ");
printf("\n");
scanf("%d,%d",&a,&b);
printf("a=%d,b=%d\n",a,b);
temp=a;
a=b;
b=temp;
printf("a=%d,b=%d\n",a,b);
}
```

4. 程序的功能是将一个 3 位整数头尾倒置，如输入 456，运行结果如下。

```
Enter n:456
y=654
```

实验作业

1. 计算银行存款的本息。输入存款金额 money、存期 year 和年利率 rate，根据下列公式计算存款到期时的本息合计 sum（税前），输出时保留两位小数。

$$sum = money(1 + rate)^{year}$$

2. 输入华氏温度，输出对应的摄氏温度。计算公式如下。

$$c = \frac{5 \times (f - 32)}{9}$$

公式中，c 表示摄氏温度；f 表示华氏温度。

实验三　选择结构

实验目的及要求

1. 掌握 C 语言表示逻辑值的表示方法（以 0 代表"假"，以非 0 代表"真"）。

2. 学会正确使用逻辑运算符和逻辑表达式。

3. 熟练掌握 if 分支语句和 switch 语句。

4. 结合实验内容掌握一些简单的算法。

实验内容

实验分析与指导

分析以下程序，注意条件语句的格式。

1. 事先编好解决下面问题的程序，然后上机输入程序并按要求调试。

分段函数如下。

$$y = \begin{cases} x & x <= 1 \\ 2x - 1 & 1 < x < 10 \\ 3x^2 - 11 & x >= 10 \end{cases}$$

（1）用 scanf() 输入 x 的值，求 y 值。

（2）运行程序，输入 x 值（分别为 x<=1、1<x<10、x>=10 三种情况），检查输出的 y 值是否正确。

2. 输入一个整数判断该数是奇数还是偶数。

3. 输入 4 个整数，要求按由小到大顺序输出。

4. 写程序，判断某一年是否是闰年，要求年份从键盘输入。

5. 从键盘输入一个年月日，计算该日期在该年中是第几天。

参考答案

1. 按照步骤编写程序如下。

（1）参考代码如下。

```
#include <stdio.h>
main()
{
float x,y;
printf("Please input x:");
scanf("%f",&x);
if(x<=1)    y=x;
else if(x<10)  y=2*x-1;
else y=3*x*x-11;
printf("y=%f\n",y);
}
```

（2）运行结果如下。

```
Please input x:2
y=-1.000000
Please input x:0
y=0.000000
Please input x:11
y=22.000000
```

2. 按照要求编写参考代码如下。

```
#include <stdio.h>
void main()
{
int a;
scanf("%d",&a);
if(a%2==0)
printf("%d 是一个偶数。",a);
else
printf("%d 是一个奇数。",a);
}
```

3. 按照要求编写参考代码如下。

```
#include<stdio.h>
void main()
{
int t,a,b,c,d;
printf("请输入 4 个数: ");
scanf("%d,%d,%d,%d",&a,&b,&c,&d);
printf("a=%d,b=%d,c=%d,d=%d \n",a,b,c,d);
if (a>b)
{t=a;a=b;b=t;}
if (a>c)
{t=a;a=c;c=t;}
if (a>d)
{t=a;a=d;d=t;}
if (b>c)
{t=b;b=c;c=t;}
if (b>d)
{t=b;b=d;d=t;}
if (c>d)
{t=c;c=d;d=t;}
printf("排序结果为: \n");
printf("%d,%d,%d,%d\n",a,b,c,d);
}
```

运行情况如下。

请输入 4 个数: 4,6,2,1

a=4,b=6,c=2,d=1

排序结果如下。

1,2,4,6

4. 按照要求编写参考代码如下。

```
#include <stdio.h>
void main()
{
int year,leap;
scanf("%d",&year);
if(year%4==0)
{
if(year%100==0)
{
if(year%400==0)
```

```
leap=1;
else
leap=0;
}
else
leap=1;
}
else
leap=0;
if (leap)
printf("%d is ",year);
else
printf("%d is not  ",year);
printf("a leap year.\n");
}
```

5. 按照要求编写参考代码如下。

```
#include <stdio.h>
void main()
{
int year,month,day;
int d=0;
scanf("%d,%d,%d",&year,&month,&day);
switch(month){
case 12:d+=30;
case 11:d+=31;
case 10:d+=30;
case 9:d+=31;
case 8:d+=31;
case 7:d+=30;
case 6:d+=31;
case 5:d+=30;
case 4:d+=31;
case 3:d+=28;
case 2:d+=31;
case 1:d+=day;
}
if((year%4==0 && year%100!=0||year%400==0) && month>=3)
d++;
printf("%d\n",d);
getch();
}
```

实验作业

1. 统计本班考试成绩各分数段的人数。

2. 给出一个百分制成绩，要求输出成绩等级 A、B、C、D、E。90 分及以上为 A，80～89 分为 B，70～79 分为 C，60～69 分为 D，60 分以下为 E。

（1）事先编好程序，要求分别用 if 语句实现。运行程序，并检查结果是否正确。

（2）再运行一次程序，输入分数为负值（如-70），这显然是输入时出错了，不应给出等级。修改程序，使之能正确处理任何数据。当输入数据大于 100 或小于 0 时，通知用户"输入数据错"，结束程序。

实验四　循环结构

实验目的及要求

1. 熟悉掌握 while 语句、do-while 语句和 for 循环语句的用法。
2. 掌握在程序设计中用循环的方法实现一些常用算法（如穷举、迭代、递推等）。
3. 学会通过使用循环语句解决问题的方法。
4. 学会区分 while 语句、do-while 语句和 for 循环语句。了解不同循环语句适应的不同场合。

实验内容

分析以下程序，再输入计算机运行，查看运行结果。

1. 从键盘输入任意 10 个整数，找出最大数。

2. 输入两个正整数 x 和 y，分别使用以下两种方法求它们的最小公倍数。

（1）借助最大公约数。

（2）利用穷举法。

3. 求 s=a+aa+aaa+⋯+aa⋯aa 的值（此处 aa⋯aa 表示 n 个 a，a 和 n 的值在 1～9）。例如，当 a=3，n=6，则以上表达式为 s=3+33+333+3333+33333+333333（提示：后一项数据是前一项数据的 10 倍再加上 a 的值），其值为 370368。

4. 打印如下所示的数字金字塔。

5. 输入一个正整数 m，判断它是否为素数（素数就是只能被 1 和自身整除的正整数，1 和 2 不是素数）。

参考答案

1. 解这个题目可以先输入一个数作为擂主，然后，从第二个数开始，每输入一个数都跟擂主比较，如果大于擂主，则记住该数，使该数成为新擂主，否则擂主不变，以此类推，直到找到最大数。参考代码如下。

```
#include <stdio.h>
void main()
{
int n,max,i;
scanf("%d",&n);
```

```
max=n;
for(i=2;i<=10;i++)
{
scanf("%d",&n);
if(n>max)
max=n;
}
printf("最大数是：%d\n",max);
}
```

2. 两种方法的相关解析如下。

（1）借助最大公约数。两个数的最小公倍数等于这两个数的积除以其最大公约数，这样，可以先利用辗转相除法求出最大公约数，进而求出最小公倍数。参考代码如下。

```
#include <stdio.h>
void main()
{
int a,b,u,v,r;
printf("Please input a and b:");
scanf("%d%d",&a,&b);
u=a;
v=b;
r=u%v;
while(r!=0)
{
u=v;
v=r;
r=u%v;
}
printf("%d\n",a*b/v);
}
```

（2）利用穷举法。两个数的最小公倍数大于这两个数中的最大数，同时小于这两个数的积，可以将这个范围内的数按从小到大的顺序一一列举出来。若找到第一个同时能整除这两个数的数，便是最小公倍数。参考代码如下。

```
#include <stdio.h>
main()
{
int a,b,max,i;
printf("Please input a and b:");
scanf("%d%d",&a,&b);
if(a>b)
max=a;
else
max=b;
for(i=max;i<=a*b;i++)
if(i%a==0&&i%b==0)    break;
printf("%d\n",i);
}
```

3. 按照题目要求所设计的程序代码如下。

```
#include <stdio.h>
main()
{
int a,n,i;
long sum=0,s=0;
```

```
printf("Please input a and n:");
scanf("%d%d",&a,&n);
for(i=1;i<=n;i++)
{
s=s*10+a;
sum=sum+s;
}
printf("%ld\n",sum);
}
```

4. 数字金字塔中第 *i* 行的打印可以分为以下 4 步。

（1）打印 3_x（9-i）个空格。

（2）打印数字 1 到 i。并在每个数字后加两个空格（或在输出数字时设置域宽为 3）。

（3）打印数字 i-1 到 1，并在每个数字后加两个空格（或在输出数字时设置域宽为 3）。

（4）换行。

根据以上分析，设计的程序代码如下。

```
#include <stdio.h>
main()
{
int i,j;
for(i=1;i<=9;i++)
{
for(j=1;j<=3*(9-i);j++)
putchar('');
for(j=1;j<=i;j++)
printf("%-3d",j);
for(j=i-1;j>0;j--)
printf("%-3d",j);
putchar('\n');
}
}
```

5. 判断素数的参考代码如下。

```
#include <stdio.h>
void main()
{
int m,i;
printf("请输入 m 的值: ");
scanf("%d",&m);
for(i=2;i<=m/2;i++)
if(m%i==0)
    break;
if(i>m/2 && m!=1)
    printf("%d 是一个素数.\n",m);
else
    printf("%d 不是一个素数.\n",m);
}
```

实验作业

1. 从键盘输入任意 10 个数，找出最大数的序号。例如，若键盘输入 2、4、5、6、0、1、9、7、8、3，则程序输出 7，因为第 7 个数最大。

2. 一块人民币用 1 分、2 分、5 分的硬币兑换，共有多少种兑换方法？

提示：一块钱若全用 5 分硬币兑换，可换 20 个，若全用 2 分硬币，则换 50 个，若全用 1 分硬币，则换 100 个。这仅仅列举了 3 种兑换方案。实际上有更多种方案。

假设我们用 m 个 5 分的，n 个 2 分的，k 个 1 分的硬币兑换一块钱，则 3 个变量的取值范围分别为 0<=m<=20、0<=n<=50、0<=k<=100。

m 有 21 中取值，n 有 51 中取值，组合起来共有 21*51*101 种可能。

3. 从键盘输入一批学生的成绩，计算平均成绩，并统计不及格学生的人数。

4. 从键盘输入 10 个整数，求输入的 10 个整数中正数的个数及其平均值。

实验五　函数

实验目的及要求

1. 掌握 C 语言函数定义及调用的规则。
2. 掌握函数实参与形参的对应关系，以及值传递的方式。
3. 掌握函数的嵌套调用和递归调用的方法。
4. 掌握全局变量和局部变量、动态变量、静态变量的概念和使用方法。

实验内容

1. 编写函数用来计算两个整数的和。

2. 编写程序，实现以下功能：从键盘上输入两个整数，并求出其中的最大值。通过自定义函数 fun1()实现该程序的功能，要求在主函数内实现数据的输入和输出。

3. 上机调试下面的程序。

```
#include <stdio.h>
main()
{
float x,y;
scanf("%d,%d",&x,&y);
f(x,y);
}
void fun2(float a,float b)
{
float c;
if(b>0)
c=a+b;
else
c=a-b;
printf("%f",c);
}
```

（1）记录系统给出的出错信息，并指出出错原因。

（2）如果该函数定义为 float fun2(float a,float b)，该程序应该如何改变？

（3）调试运行该程序，并记录输出结果。

4. 编写一个函数，计算 x^y，用主函数进行调用。

（1）在主函数里，实现数据的输入和输出。

（2）函数头部的定义，注意函数的形参个数和类型，函数的返回类型。

（3）函数体的定义，注意返回语句的用法。

5. 编写程序，用递归的方法求 1+2+3+…+n，可设递归函数为 fac()。

6. 二维数组中存储的是 3 名学生 4 门课的考试成绩，请编写程序计算总平均分。

参考答案

1. 求两个整数和的参考代码如下。

```
#include <stdio.h>
int sum(int x,int y)
{
int z;
z=x+y;
return z;
}
void main()
{
 int a,b,c;
 scanf("%d,%d",&a,&b);
c=sum(x,y);
printf("%d\n",c);
}
```

2. 按照题目要求，设计的程序代码如下。

```
#include <stdio.h>
main()
{
int max,a,b;
int fun1(int,int);                      /*函数的声明语句*/
printf("Please enter 2 numbers(a,b)");
scanf("%d,%d",&a,&b);
max=fun1(a,b);                          /*函数的调用语句*/
printf("max=%d\n",max);
}
int fun1(int x,int y)            /*函数头*/
{
int max;
if(x>y)
max=x;
else
max=y;
return max;                             /*函数的返回语句*/
}
```

运行过程为：

输入 34,78

显示结果如下。

```
max=78
```

3. 调试已知程序的结果如下。

（1）

出错信息：Linker error:Undefined symbol1 '_f 'in module

错误原因是：函数调用错误，调用函数 fun2()却调用了没有定义的函数 f（）。

（2）程序应该修改如下。

```c
#include <stdio.h>
main()
{
float x,y;
float fun2(float a,float b);
scanf("%f,%f",&x,&y);
printf("x+|y|=%f",fun2(x,y));
}
float fun2(float a,float b)
{
float c;
if(b>0)
c=a+b;
else
c=a-b;
return c;
}
```

（3）运行结果如下。

```
3,-6
x+|y|=9.000000
```

4. 计算 x^y 并调用的程序如下。

```c
main()
{
int x,y,s;
int power(int x,int y);
printf("Please enter x,y");
scanf("%d,%d",&x,&y);
s=power(x,y);
printf("value=%d",s);
}
int power(int x,int y)
{
int i,p=1;
for(i=1;i<=y;i++)
p=p*x;
return p;
}
```

5. 按照要求编写的参考代码如下。

```c
int fac(int n){
int f;
if(n<0)  printf("n<0,data error!");
else if(n==0)   f=0;
else f=fac(n-1)+n;
return(f);
}
main()
{
int n, y;
printf("Input a integer number:");
scanf("%d",&n);
y=fac(n);
```

```
printf("%d! =%15d",n,y);
}
```

6. 按照要求编写的参考代码如下。

```
#include <stdio.h>
float average(int p[3][4])
{
float sum=0;
int i;
for(i=0;i<=11;i++){
sum+=p[i];
}
return sum/12;
}
vod main()
{
int score[3][4]={95,68,72,89,59,98,85,77,64,75,91,79};
float aver;
aver=average(score);
printf("总平均分是: %5.2f\n",aver);
}
```

实验作业

1. 设计一个函数，判断输入的数是否是素数。
2. 主调函数中有两个变量，通过被调函数交换它们。
3. 主函数中有一个数组存储了 10 个数据，想通过被调函数找出最大值和最小值，然后在主函数中输出。

实验六   数组

实验目的及要求

1. 掌握一维数组的定义及其应用。
2. 掌握二维数组的定义及其应用。
3. 掌握 C 语言数组的引用方法。
4. 掌握数组的输入和输出方法。
5. 掌握字符数组和字符串函数的使用。
6. 掌握数组的一些常用算法，如查找、排序、删除、插入等算法。

实验内容

1. 编写程序，测试下列数组的定义方式是否正确，如果不正确，请说明原因并改正。

（1）数组定义测试之一。

```
#include <stdio.h>
main()
{
int num;
scanf("%d",&num);
```

```
int score[num];
    …
}
```

（2）数组定义测试之二。

```
#define N 10
main()
{
int score[N];
    …
}
```

（3）数组定义测试之三。

```
main()
{
int score[];
    …
}
```

（4）数组定义测试之四。

```
main()
{
int score[2*3-1];
    …
}
```

（5）数组定义测试之五。

```
#define I 3
#define J 4
main()
{
int a[I][J];
    …
}
```

（6）数组定义测试之六。

```
#define N 3
main()
{
int a[][N];
    …
}
```

2. 编写一个函数，完成将一个字符串中的字符逆序输出，即最后一个先输出，第 1 个最后输出，并编写主函数进行测试。

（1）编写逆序函数，返回逆序的字符串。

（2）编写主函数，进行字符串的输入，调用逆序函数，完成字符串的输出。

3. 调查电视节目受欢迎程度。某电视台要调查观众对该台 8 个栏目（假设栏目编号为 1~8）的受欢迎情况，共调查了 1000 位观众。现要求编写程序，输入每一位观众的投票情况（每位观众只能选择一个最喜欢的栏目投票），统计输出各栏目的得票情况。

参考答案

1. 根据要求，设计测试程序如下。

（1）测试程序如下。

```
#include <stdio.h>
```

```
main()
{
int num;
scanf("%d",&num);
int score[num];
}
```

不正确，不能以变量定义数组。

（2）测试程序如下。

```
#include <stdio.h>
#define n 10
main()
{
int score[n];
scanf("%d",&score[3]);
printf("%d",score[3]);
}
```

正确，运行结果如下。

12✓
12

（3）测试程序如下。

```
main()
{
int score[ ];
scanf("%d",&score[1]);
}
```

不正确，应给出数组的长度。

（4）测试程序如下。

```
main()
{
int score[2*3-1];
scanf("%d",&score[1]);
printf("%d",score[1]);
}
```

正确，运行结果如下。

51✓
51

（5）测试程序如下。

```
#define I 3
#define J 4
main()
{
int a[I][J];
scanf("%d", &a[1][2]);
printf("%d",a[1][2]);
}
```

正确，运行结果如下。

31✓
31

（6）测试程序如下。

```
#define N 3
main()
{
int a [] [N];
scanf("%d",&a[1][2]);
printf("%d",a[1][2]);
}
```

不正确，应给出二维数组的大小。

2. 按照要求编写程序如下。

（1）逆序函数的程序代码如下。

```
#include <string.h>
#include <stdio.h>
#define N 80
void nixu(char s[])
{
int i,n;
char ch;
n=strlen(s);
for(i=0;i<n/2;i++)
{
ch=s[i];
s[i]=s[n-i-1];
s[n-i-1]=ch;
}
}
```

（2）输出逆序字符的程序代码如下。

```
main()
{
char str[N];
printf("please input the string(0-20):\n");
gets(str);
nixu(str);
printf("%s",str);
}
```

运行结果如下。

```
please input the string(0-20):
This is a box
xob asi sihT
```

3. 参考代码如下。

```
#include <stdio.h>
void main()
{
int count[9]; /*设立数组，栏目编号对应数组下标*/
int i;
int response;
for(i=1;i<=1000;i++){
printf("input your response:");
scanf("%d",&response);
if(response<1 || response>8)
printf("this is a bad response:%d\n",response);
```

```
else
count[response]++;
}
printf("result:\n");
for(i=1;i<=8;i++)
printf("%4d%4d\n",i,count[i]);
}
```

实验作业

1. 某班有 30 人，现要评定奖学金，条件是成绩为前 10 名，请编写程序统计成绩位于前 10 名的学生。

（1）编写排序函数，完成 30 人成绩的子程序排列。

（2）编写输入函数，完成数据的输入。

（3）编写输出函数，输出排序后的前 10 名学生。

（4）编写主函数，并调用输入函数、排序函数、输出函数。

2. 利用数组计算斐波那契数列的前 10 个数，并按每行打印 5 个数的格式输出。

3. 将一个 3×2 的矩阵存入一个 3×2 的二维数组中，找出最大值以及它的行下标和列下标，并输出该矩阵。

4. 输入一个正整数 n（1<n≤6），并从键盘输入 n×n 个数，得到 n 阶方阵，将该方阵转置（行列互换）后输出。

实验七　地址和指针

实验目的及要求

1. 通过实验进一步掌握指针的概念，会定义和使用指针变量。

2. 掌握指针和指针变量、指针与变量的关系、指针与数组的关系。

3. 了解指向指针的指针的概念及其使用方法。

4. 掌握指向数组的指针变量的使用。

实验内容

1. 下面的程序通过指针变量改变所指向变量的值。

```
main()
{
int a,b,*pa,*pb,*p;
_____/*pa 指向 a*/
_____/*pb 指向 b*/
scanf("%d,%d",pa,pb);
if(*pa>*pb)
{_____}/*pa 和 pb 交换指向*/
printf{"%d<=%d\n",*pa,*pb};
}
```

（1）该程序的主要功能是什么？

（2）分析程序并把程序补充完整。

（3）写出程序的运行结果。

（4）如果不改变指针指向，如何交换 a、b 的值，请写出程序的代码。

2. 使用指针数组元素个数和数组元素的存储单元数。

3. 输入 10 个数，利用指针求其中的最大值和平均值。

4. 将一个 3×3 的矩阵转置，用函数实现。在主函数中用 scanf() 函数输入以下矩阵元素。

$$\begin{bmatrix} 1 & 2 & 3 \\ 4 & 5 & 6 \\ 7 & 8 & 9 \end{bmatrix}$$

将数组名作为函数实参，在执行函数的过程中实现矩阵转置，函数调用结束后在主函数中输出已转置的矩阵。

5. 有 n 个人围成一圈，顺序排号。从第 1 个人开始报数(从 1 到 3 报数)，凡报到 3 的人退出圈子，问最后留下的是原来第几号的人。

参考答案

1. 参考答案如下。

（1）程序的主要功能是：从键盘上输入两个数据，并从小到大输出。

（2）补充程序如下。

```
main()
  {
int a,b,*pa,*pb,*p;
pa=&a;          /*pa 指向 a*/
pb=&b;           /*pb 指向 b*/
scanf("%d,%d",pa,pb);
if(*pa>*pb)
   {p=pa;pa=pb;pb=p;}           /*pa 和 pb 交换指向*/
printf("%d<=%d\n",*pa,*pb);
  }
```

（3）运行结果如下。

```
7,4↙
4<=7
```

（4）先定义一个临时变量 temp，代码如下。

```
int temp;
temp=*pa;*pa=*pb;*pb=temp;
```

2. 按照要求编写的参考代码如下。

```
#include <stdio.h>
void main()
{
double a[2],*p,*q;
p=&a[0];
q=p+1;
printf("%d\n",q-p);
```

```
printf("%d\n",(int)q-(int)p);
}
```

3. 按照要求编写的参考程序如下。

```
#include <stdio.h>
void maxave(double arr[],double *max,double *ave,int n)
{
int i;
double *p,sum=0.0;
p=arr;
for(i=0;i<n;i++)
{
sum+=arr[i];
if(*p<arr[i])
p=arr+i;
}
*max=*p;
*ave=sum/n;
}
main()
{
double a[10]={15,35,34,40,65,28,78,97,100,23},m,av;
maxave(a,&m,&av,10);
printf("%.21f,%.21f\n",m,av);
}
```

4. 按照要求编写的参考程序如下。

```
#include<stdio.h>
void main()
{
void move(int *pointer);
int a[3][3],*p,i;
printf("input yuansu:\n");
for(i=0;i<3;i++)
scanf("%d%d%d",&a[i][0],&a[i][1],&a[i][2]);
p=&a[0][0];
move(p);
printf("now yuansu:\n");
for(i=0;i<3;i++)
printf("%3d%3d%3d\n",a[i][0],a[i][1],a[i][2]);
}
void move(int *pointer)
{
int i,j,t;
for(i=0;i<3;i++)
for(j=i;j<3;j++)
{
t=*(pointer+3*i+j);
*(pointer+3*i+j)=*(pointer+3*j+i);
*(pointer+3*j+i)=t;
}
}
```

5. 按照要求编写的参考程序如下。

```
#include<stdio.h>
void main()
```

```
{
int i,k,m,n,num[50],*p;
printf("input number of person:n=");
scanf("%d",&n);
p=num;
for(i=0;i<n;i++)
*(p+i)=i+1;
i=0;
k=0;
m=0;
while(m<n-1)
{
if(*(p+i)!=0)  k++;
if(k= =3)
{*(p+i)=0;
k=0;
m++;
}
i++;
if(i= =n)
i=0;
}
while(*p= =0)
p++;
printf("The last one is No.%d\n",*p);
}
```

实验作业

1. 输入 3 个整数，并按由小到大的顺序输出。
2. 输入一行文字，计算其中大写字母、小写字母、空格、数字及其他字符的个数。

实验八 结构体、共用体和枚举

实验目的及要求

1. 掌握结构体类型变量的定义和使用方法。
2. 掌握结构体类型数组的概念和应用方法。
3. 理解链表的概念。
4. 掌握共用体的概念与使用方法。
5. 掌握结构体和共用体的区别和联系。

实验内容

1. 输入并运行以下程序。

```
#include <stdio.h>
union data
{
char c[4];
```

```
long b;
int i[2];
}
main()
{
union data s;
scanf("%c,%c,%c,%c",&s.c[0],&s.c[1],&s.c[2],&s.c[3]);
printf("i[0]=%d,i[1]=%d\nb=%ld\nc[0]=%c,c[1]=%c,c[2]=%c,c[3]=%c\n",s.i[0],s.i[1],s.b,s.c[0],s.c[1],s.c[2],s.c[3]);
}
```

（1）输入 4 个字符 a、b、c、d 并赋值给 s.i[0]、s.c[1]、s.c[2]、s.c[3]，分析运行结果。

（2）将 scanf 语句改为 "scanf("%ld",&s.b);"，输入 876543 给 b，分析运行结果。

2. 有 5 个学生，每个学生的数据包括学号、姓名、性别、4 门课的成绩，从键盘输入 5 个学生的数据，要求输出 4 门课的平均成绩以及平均成绩最高的学生信息（包括学号、姓名、性别、4 门课的成绩、平均分数）。同时，要求用 in()函数输入 5 个学生数据；用 aver()函数求平均分；用 max()函数找出平均成绩最高的学生数据；学生的数据在 out()函数中输出。

3. 建立一个有 5 个结点的单向链表，每个结点包含姓名、年龄和工资。编写两个函数，一个用于建立链表，另一个用来输出链表。

4. 定义一个学生类型的结构体，使用结构体指针来输出一个学生的信息。

参考答案

1. 本题定义了一个共用体类型，如下所示。

```
union data
{
char c[4];
long b;
int i[2];
}
```

s 是一个共用体变量，其成员 *c*、*b* 和 *i* 是共用内存单元的，通过语句 "scanf(" %c,%c,%c,%c " , &s.c[0],&s.c[1],&s.c[2],&s.c[3]);" 将输入的 4 个字符 a、b、c、d 赋值给 s.i[0]、s.c[1]、s.c[2]、s.c[3]，则 *b* 的占用内存单元和 c[4]以及 i[2]的内存单元完全相同。

运行结果如下。

```
a,b,c,d↙
i[0]=25185,i[1]=25699
b=1684234849
c[0]=a,c[1]=b,c[2]=c,c[3]=d
```

同理将 scanf 语句改为 "scanf(" %ld " ,&s.b);" 并输入 876543 给 b，运行结果如下。

```
876543↙
i[0]=876543,i[1]=-858993460（随机值）
b=
c[0],c[1]=,c[2]=_, c[3]=
```

2. 根据要求编写代码如下。

```
#include "stdio.h"
#define NUM 5
struct student                    /*定义结构体*/
{
```

```
long num;                       /*学号*/
char name[20];                  /*姓名*/
char sex;                       /*性别*/
float score[4];                 /*4 门课成绩*/
float average;                  /*平均成绩*/
} stu[NUM];
void in()                       /*输入数据*/
{
int i,j;
for(i=0;i<NUM;i++)
{
printf("\n please input no. %d data:\n",i);
printf("student_No: ");
scanf("%ld",&stu[i].num);
printf("student_name: ");
scanf("%s",stu[i].name);
printf("student_sex: ");
scanf("%c",&stu[i].sex);
stu[i].sex=getchar();
getchar();
for(j=0;j<4;j++)                /*输入每个学生 4 门课成绩，并计算出总成绩*/
{
printf("score %d: ",j+1);
scanf("%f",&stu[i].score[j]);
}
}
}
void aver(struct student stu_ave[],int n)
{
int i,j;
float sum;
for(i=0;i<n;i++)
{
sum=0;
stu_ave[i].average=0;
for(j=0;j<4;j++)
sum+=stu_ave[i].score[j];
stu_ave[i].average=sum/4;
}
}
void max(struct student stu_ave[],int n)
{
int i,j,k;
float av;
av=stu_ave[0].average;
for(j=0;j<n;j++)
{
if(av<stu_ave[j].average)
{
av=stu_ave[j].average;
k=j;
}
```

```
}
printf("\nNO Name sex score1 score2 score3 score4 average\n");
printf("%ld %s %c",stu_ave[k].num, stu_ave[k].name,stu_ave[k].sex);
printf("%f %f %f %f %f\n",stu_ave[k].score[0],stu_ave[k].score[1],stu_ave[k].score[2],
stu_ave[k].score[3],stu_ave[k].average);
return;
}
void out()                      /*输出平均成绩*/
{
int i;
printf("\nst_no\tst_average\n");
for(i=0;i<NUM;i++)
{
printf("%ld\t%f\n",stu[i].num,stu[i].average);
}
}
main()                          /*主函数*/
{
in();
aver(stu,NUM);
out();
max(stu,NUM);
}
```

3. 根据题目要求，编写代码如下。

```
#include "stdio.h"
#include "stdlib.h"
#define NULL 0
#define LEN sizeof(struct stu)
struct stu                          /*定义链表数据结构*/
{
char name[20];
int age;
float salary;
struct stu *next;
};
struct stu *creat(int n)                /*建立链表函数 creat*/
{
struct stu *head,*pf,*pb;
int i;
char numstr[20];
for(i=0;i<n;i++)
{
pb=(struct stu*) malloc(LEN);        /*强制类型转换为指针*/
printf("enter name:");
gets(pb->name);
printf("enter age:");
gets(numstr); pb->age=atol(numstr);
printf("enter salary:");
gets(numstr);pb->salary=atof(numstr);
if(i==0)
head=pf=pb;
else pf->next=pb;
```

```
      pb->next=NULL;
      pf=pb;
      }
      return(head);
      }
      void print(struct stu *head)              /*输出链表函数 print*/
      {
      printf("name\tage\tsalary\n");
      while(head!=NULL)
      {
      printf("%s\t%d\t%lf\n",head->name,head->age,head->salary);
      head=head->next;
      }
      }
      main()
      {                                         /*主函数*/

      struct stu *head;
      head=creat(5);
      print(head);
      }
```

4. 根据题目要求，编写代码如下。

```
#include <string.h>
#include <stdio.h>
struct stud
{
long num;
char name[20];
char sex;
int age;
float score;
};
void main()
{
struct stud student1;
struct stud *p;
p=&student1;
student1.num=970101;
strcpy(student1.name,"Liu Li");
student1.sex='M';
student1.age=16;
student1.score=98.8;
printf("No:%ld\nname:%s\nsex:%c\nage:%d\nscore:%6.2f\n",(*p).num,(*p).name,(*p
).sex,(*p).age,(*p).score);

printf("No:%ld\nname:%s\nsex:%c\nage:%d\nscore:%6.2f\n",p->num,p->name,p->sex,p->a
ge,p->score);
      }
```

实验作业

1. 定义一个日期的结构体变量（包括年、月、日）。计算该日在本年中是第几天？注意闰年的特殊性。

2. 有 5 个学生，每个学生的数据包括学号、姓名、3 门课程的成绩。从键盘输入 5 个学生的信息，要求输出 3 门课程的总平均成绩以及最高分的学生的信息（学号、姓名、3 门课程成绩、平均分数）。

实验九　位运算

实验目的及要求

1. 理解按位运算的概念和方法。
2. 学会使用位运算符。
3. 熟练掌握位运算的典型应用。

实验内容

1. 完成循环右移功能，要求将 a 进行循环移动，即进行如下操作。

（1）将 a 的右端 n 位先放到 b 中的高 n 位中，表达式如下。

$$b=a<<(16-n)$$

（2）将 a 右移 n 位，其左面高位补 0，表达式如下。

$$c=a>>n$$

（3）将 c 和 b 进行按位或运算，表达式如下。

$$c=c|b$$

2. 将一个十进制数转化为二进制数。

3. 编写一程序，检查所用的计算机系统的 C 编译在执行右移时是按照逻辑右移的原则还是按照算术有移的原则。如果是逻辑右移，请编一个函数实现算术右移。如果是算术右移，请编一个函数以实现逻辑右移。

4. 编一个函数 getbits()，以从一个 16 位的单元中取出某几位（即该几位保留原值，其余位为 0）。函数调用形式为 getbits(VEtlue.n1,n2)value 为该 16 位数的值，n1 为欲取出的起始位，n2 为欲取出的结束位。例如，getbits(0101675,5,8)表示对八进制数 101675，取出其从左面起的第 5 位到第 8 位。

要求把这几位数用八进制数打印出来。注意，应当将这几位数右移到最右端，然后用八进制形式输出。

5. 设计一个函数，使给出一个数的原码，能得到该数的补码。

要求用八进制形式输入和输出。

参考答案

1. 根据要求编写的参考代码如下。

```c
#include <stdio.h>
void main()
{
 unsigned a,b,c;
```

```
int n;
scanf("%o,%d",&a,&n);
b=a<<(16-n);
c=a>>n;
c=c|b;
printf("%o%o",a,c);
}
```

2. 根据要求编写的参考代码如下。

```
#include <stdio.h>
void main()
{
int i,bit;
unsigned int n,mask;
mask=0x8000;
printf("Enter a integer:");
scanf("%d",&n);
printf("binary of %u is:",n);
for(i=0;i<16;i++)
{
   if(i%4==0 && i!=0)
   printf(",");
   bit=(n & mask)?1:0;
   printf("%ld",bit);
   mask=mask>>1;
   }
   printf("\n");
   }
```

3. 根据要求编写的参考代码如下。

```
#include<stdio.h>
void main()
{
short getbits1(unsigned value,int n);
short getbits2(unsigned short value,int n);
short int a,n,m;
a=~0;
if((a>>5)!=a)
{printf("Logical move!\n");
m=0;
}
else
{printf("Arithmetic move!\n");
m=1;
}
printf("input an octal number:");
scanf("%o",&a);
printf("how many digit move towards the right:");
scanf("%d",&n);
if(m==0)
printf("Arithmetic right move,result:%o",getbits1(a,n));
else
printf("Logical right move,result:%o\n",getbits2(a,n));
}
short getbits1(unsigned value,int n)
```

```
{unsigned short z;
z=~0;
z=z>>n;
z=~z;
z=z|(value>>n);
return(z);
}
short getbits2(unsigned short value,int n)
{
unsigned short z;
z=(~(1>>n))&(value>>n);
return(z);
}
```

4. 根据要求编写的参考代码如下。

```
#include<stdio.h>
void main()
{
unsigned short int getbits(unsigned short value,int n1,int n2);
unsigned short int a;
int n1,n2;
printf("input an octal number:");
scanf("%o",&a);
printf("input n1,n2: ");
scanf("%d,%d",&n1,&n2);
printf("result:%o\n",getbits(a,n1-1,n2));
}
unsigned short int getbits(unsigned short value,int n1,int n2)
{ unsigned short int z;
z=~0;
z=(z>>n1)&(z<<(16-n2));
z=value & z;
z=z>>(16-n2);
return(z);
}
```

5. 根据要求编写的参考代码如下。

```
#include<stdio.h>
void main( )
{unsigned short int a;
unsigned short int getbits(unsigned short);
printf("\ninput an octal number: ");
scanf("%o",&a);
printf("result:%o/n",getbits(a));
}
unsigned short int getbits(unsigned short value)   /*求一个二进制的补码函数*/
{unsigned int short z;
z=value&0100000;
if(z= =0100000)
z=~value+1;
else
z=value;
return(z);
}
```

实验作业

1. 取一个整数 a 从右端开始的 4～7 位。相关提示如下。

（1）显示 a 右移 4 位，即 a>>4。

（2）设置一个低 4 位全为 0 的数，即 ~（~0<<4）。

（3）将上面两式进行与运算，即 a>>4 &~（~0<<4）。

2. 编写程序，完成对任一整型数据实现高、低位的交换。

实验十 文件

实验目的及要求

1. 掌握文件以及缓冲文件系统、文件指针的概念。

2. 学会对文件进行基本的操作，包括文件的打开、文件的关闭、文件的顺序读写、文件的随机读写、文件结束检测和文件操作出错检测。

3. 理解文件的价值和意义。

实验内容

1. 按如下要求编写相应程序。

（1）向文件"test.dat"里输入一些字符。

（2）把上面的文件"test.dat"里的内容在屏幕上显示出来。

2. 有 5 个学生，每个学生有 3 门课的成绩，从键盘输入学号、姓名以及 3 门课成绩，计算出他们的平均成绩并将原有数和计算的平均分数存放在磁盘文件"stud.txt"中。在向文件"stud.txt"写入数据后，应检查验证文件中的内容是否正确。

设 5 名学生的学号、姓名和 3 门课成绩如下。

99101	Wang	89,98,67
99109	Li	60,80,90
99106	Fun	75.5,91,99
99110	Ling	100,50,62
99013	Yuan	58,68,71

3. 将上题"stud.txt"文件中的学生数据，按平均分进行排序（降序）处理，并将已排序的学生数据存入一个新文件"stu_sort.txt"中。在向文件"stu_sort.txt"写入数据后，应检查验证"stu_sort.txt"文件中的内容是否正确。

4. 在上题已排序的学生成绩文件中插入一个学生信息。程序先计算新插入学生的平均成绩，然后将它按成绩高低顺序插入，插入后建立一个新文件"stu_new.txt"。在向新文件"stu_new.txt"写入数据后，应检查验证文件中的内容是否正确。

要插入的学生信息如下。

| 99108 | Xin | 90,95,60 |

参考答案

1. 按题目要求，分别编写参考代码如下。

（1）向文件输入字符的参考代码如下。

```
#include<stdio.h>
main()
{
    char *s="That's good news";
    int i=617;
    FILE *fp;
    fp=fopen("test.dat", "w");          /*建立一个文字文件只写*/
    fputs("Your score of TOEFLis",fp);  /*向所建文件写入一串字符*/
    fputc(':', fp);                     /*向所建文件写冒号：*/
    fprintf(fp, "%d\n", i);             /*向所建文件写一整型数*/
    fprintf(fp, "%s", s);               /*向所建文件写一字符串*/
    fclose(fp);
}
```

（2）显示 "test.dat" 的参考代码如下。

```
#include<stdio.h>
main()
{
    char *s, m[20];
    int i;
    FILE   *fp;
    fp=fopen("test.dat", "r");    /*打开文字文件只读*/
    fgets(s, 24, fp);             /*从文件中读取 23 个字符*/
    printf("%s", s);
    fscanf(fp, "%d", &i);         /*读取整型数*/
    printf("%d", i);
    putchar(fgetc(fp));           /*读取一个字符同时输出*/
    fgets(m, 17, fp);             /*读取 16 个字符*/
    puts(m);                      /*输出所读字符串*/
    fclose(fp);
    getch();
}
```

2. 按照要求编写的参考代码如下。

```
#include <stdio.h>
#include <stdlib.h>
#include <conio.h>
#define N 5
struct stud
{
long num;
char name[20];
float score[3];
float ave;
}student[N];
main()
{
```

```
FLIE *fp;
char numstr[20];
int i,j;
float sum;
if((fp=fopen("stud.txt", "wb"))==NULL)
{
printf("\ncannot open file!\n");
getch();
exit(1);
}
for(i=0;i<N;i++)
{
sum=0.0;
printf("\nenter the information of number [%d]:\n",1+1);
printf("\enter num:");gets(numstr);student[i].num=atol(numstr);
printf("\enter name:");gets(student[i].name);
for(j=0;j<3;j++)
{
printf("enter score[%d]:",j+1);
gets(numstr);
student[i].score[j]=atof(numstr);
sum+=student[i].score[j];
}
student[i].ave=sum/3;
fwrite(&student[i],sizeof(student[i]),1,fp);
}
fclose(fp);
}
```

如果要验证文件中的内容是否正确，可以将文件"stud.txt"中的内容读出来。注意，不能直接打开文件"stud.txt"来验证其内容，因为在上面的程序中是用二进制的形式对文件操作的。

```
#include <stdio.h>
#include <stdlib.h>
#include <conio.h>
struct stud
{
long num;
char name[20];
float score[3];
float ave;
}student;
main()
{
FILE *fp;
int i;
if((fp=fopen("stud.txt", "rb"))==NULL)
{
printf("\nCannot open file!\n");
getch();
exit(1);
}
while(fread(&student,sizeof(student),1,fp)==1)
{
```

```
printf("num:%ld\n",student.num);
printf("name:%s\n",student.name);
for(i=0;i<3;i++)
printf("score[%d]:%f\n",i+1,student.score[i]);
printf("average:%f\n",student.ave);
printf("\n");
}
fclose(fp);
}
```

3. 按照要求编写的参考代码如下。

```
#include <stdio.h>
#include <stdlib.h>
#include <conio.h>
#define N 5
struct stud
{
long num;
char name[20];
float score[3];
float ave;
}student[N],temp;
main()
{
FILE *fp1,*fp2;
int i,j;
if((fp1=fopen("stud.txt", "rb"))==NULL)
{
printf("\ncannot open file!\n");
getch();
exit(1);
}
for(i=0;i<N;i++)
fread(&student[i],sizeof(student[i]),1,fp1);
fclose(fp1);
for(i=0;i<N-1;i++)
for(j=0;j<N-1-1;j++)
{
if(student[j].ave<student[j+1].ave)
{
temp=student[j];
student[j]=student[j+1];
student[j+1]=temp;
}
}
if((fp2=fopen("stu_sort.txt", "wb"))==NULL)
{
printf("\ncannot open file!\n");
getch();
exit(1);
}
for(i=0;i<N;i++)
fwrite(&student[i],sizeof(student[i]),1,fp2);
fclose(fp2);
}
```

要验证 "stu_sort.txt" 文件中的内容是否正确，可以编写一个与第 1 题中的显示程序类似的程序，只需要将 "fopen(" stud.txt " , " rb ")" 改为 "fopen(" stu_sort.txt " , " rb ")"。将 "stu_sort.txt" 文件中的内容读出来进行显示。

4. 按照要求编写的参考代码如下。

```c
#include <stdio.h>
#include <stdlib.h>
#include <conio.h>
struct stud
{
long num;
char name[20];
float score[3];
float ave;
}student,temp;
main()
{
FILE *fp1,*fp2;
int i,j;
char numstr[30];
printf("\ninsert information:\n");
printf("enter num:");gets(numstr);temp.num=atol(numstr);
printf("enter name:");gets(temp.name);
for(i=0;i<3;i++)
{
printf("enter score[%d]: ",i+1);
gets(numstr);
temp.score[i]=atof(numstr);
temp.ave+=temp.score[i];
}
temp.ave/=3;
if((fp1=fopen("stu_sort.txt", "rb"))==NULL)
{
printf("\ncannot open file!\n");
getch();
exit(1);
}
while(fread(&student,sizeof(student),1,fp1)==1)
if(student.ave>=temp.ave)
fwrite(&student,sizeof(student),1,fp2);
else
{                                                /*增加一行*/
fwrite(&temp,sizeof(temp),1,fp2);
fwrite(&student,sizeof(student),1,fp2);          /*增加一行*/
break;                                           /*增加一行*/
}                                                /*增加一行*/
while(fread(&student,sizeof(student),1,fp1)==1)  /*增加一行*/
fwrite(&student,sizeof(student),1,fp2);          /*增加一行*/
fclose(fp1);
fclose(fp2);
}
```

要验证文件"stu_new.txt"中的内容是否正确，可以编写一个与第 1 题中的显示程序相类似的程序（只需将"fopen("stud.txt","rb")"改为"fopen("stu_new.txt","rb")"），以将"stu_new.txt"文件中的内容读出来进行显示。

实验作业

1. 从键盘输入两个学生数据，写入一个文件中，再读出这两个学生的数据显示在屏幕上。
2. 编写程序，将一个文本文件的内容链接到另一个文本文件的末尾。

第四部分
综合程序设计

综合程序设计指导

4.1 综合程序设计概述

综合程序设计是对学生的一种全面综合训练，包括问题分析、总体结构设计、用户界面设计、程序设计基本技能和技巧、多人合作，以及一整套软件工作规范的训练和科学作风的培养。综合程序设计是与课堂听讲、自学和练习相辅相成的必不可少的一个实验内容。通常，综合程序设计的题目比平时的实验复杂得多，也更接近实际。综合程序设计着眼于理论与应用的结合点，使学生学会把书上学到的知识用于解决实际问题的方法，培养学生程序设计工作所需要的知识综合能力和动手能力；另一方面，能使书上的知识变"活"，使学生更好地深化理解和灵活掌握教学内容。

4.1.1 综合程序设计的目的

综合程序设计是实践教学环节的一项重要内容，是完成教学计划、达到教学目标的重要环节，是教学计划中综合性较强的实践教学环节。它对帮助学生全面牢固地掌握课堂教学内容、培养学生的实践和实际动手能力、提高学生的综合素质具有很重要的意义。

综合程序设计的目的在于以下几个方面。

（1）进一步巩固和加深对"C语言程序设计"课程基本知识的理解和掌握，了解C语言在项目开发中的应用。

（2）综合运用"C语言程序设计"课程和"软件工程"理论，来分析和解决综合程序设计问题，进行综合程序设计的训练。

（3）学习程序设计开发的一般方法，了解和掌握信息系统项目开发的过程及方式，培养正确的设计思想和分析问题、解决问题的能力，特别是项目设计能力。

（4）通过对标准化、规范化文档的掌握并查阅有关技术资料等，培养项目设计开发能力，同时提倡团队精神。

4.1.2 综合程序设计的要求

全面熟悉、掌握C语言基本知识，掌握C程序设计中的顺序、分支、循环3种结构及数组、函数和C语言基本图形编程等方法，把编程和实际结合起来，增强对不同的问题运用和灵活选择合适的数据结构以及算法描述的本领，熟悉编制和调试程序的技巧，掌握分析结果的若干有效方法，进一步提高上机动手能力，培养使用计算机解决实际问题的能力，养成提供文档资料的习惯和规范编程的思想，为以后在专业课程中应用计算机系统解决计算、分析、实验和设计等学习环节打下较扎实的基础。

训练重点在于基本的程序设计方法和分析问题的能力，而不强调面面俱到。

4.1.3 综合程序设计的基本过程

软件系统的开发是按阶段进行的，一般可划分为以下阶段：可行性分析；需求分析；系统设计（概要设计、详细设计）；程序开发；编码，单元测试；系统测试；系统维护。

软件开发过程中要明确各阶段的工作目标、实现该目标所必需的工作内容以及达到的标准。只有在上一个阶段的工作完成后，才能开始下一阶段的工作。

1. 可行性分析

明确系统的目的、功能和要求，了解目前所具备的开发环境和条件，论证的内容叙述如下。

（1）在技术能力上是否可以支持。

（2）在经济上效益如何。

（3）在法律上是否符合要求。

（4）与部门、企业的经营和发展是否吻合。

（5）系统投入运行后的维护有无保障

可行性讨论的目的是判定软件系统的开发有无价值。分析和讨论的内容可形成"项目开发计划书"，主要内容包括以下 6 项。

（1）开发的目的及所期待的效果。

（2）系统的基本设想，涉及的业务对象和范围。

（3）开发进度表，开发组织结构。

（4）开发、运行的费用。

（5）预期的系统效益。

（6）开发过程中可能遇到的问题及注意事项。

可行性研究报告是可行性分析阶段软件文档管理的标准化文档。

2. 系统需求分析

系统需求分析是软件系统开发中最重要的一个阶段，直接决定着系统的开发质量和成败，必须明确用户的要求和应用现场环境的特点，了解系统应具有哪些功能及数据的流程和数据之间的联系。需求分析应有用户参加，到使用现场进行调研学习，软件设计人员应虚心向技术人员和使用人员请教，共同讨论解决需求问题的方法，对调查结果进行分析，明确问题的所在。需求分析的内容编写要形成"需求分析规格说明书"。

软件需求规格说明作为分析结果，是软件开发、软件验收和管理的依据。因此，必须特别重视，不能有一点错误或不当；否则将来可能要付出很大的代价。

3. 系统设计

可根据系统的规模分成概要设计和详细设计两个阶段。

系统的概要设计包括以下 9 个方面。

（1）划分系统模块。

（2）每个模块的功能确定。

（3）用户使用界面概要设计。

（4）输入、输出数据的概要设计。

（5）报表概要设计。

（6）数据之间的联系、流程分析。

（7）文件和数据库表的逻辑设计。

（8）硬件、软件开发平台的确定。

（9）有规律数据的规范化及数据唯一性要求。

系统的详细设计是对系统概要设计的进一步具体化，其主要工作有以下 4 项。

（1）文件和数据库的物理设计。

（2）输入、输出记录的方案设计。

（3）对各子系统的处理方式和处理内容进行细化设计。

（4）编制程序设计任务书。程序说明书通常包括程序规范、功能说明、程序结构图，通常用分级输入-处理-输出（Hierarchy PluS Input Process output，HPIPo）图来描述。

系统详细设计阶段的规范化文档为软件系详细设计说明书。

4. 程序开发

根据程序设计任务书的要求，用计算机算法语言实现解题的步骤，主要工作包括以下 4 项。

（1）模块的理解和进一步划分。

（2）以模块为单位的逻辑设计，也就是模块内的流程图的编制。

（3）编写代码，用程序设计语言编制程序。

（4）进行模块内功能的测试、单元测试。

程序质量的要求包括以下 5 个方面。

（1）满足要求的确切功能。

（2）处理效率高。

（3）操作方便，用户界面友好。

（4）程序代码的可读性好，函数、变量标识符合规范。

（5）扩充性、维护性好。

降低程序的复杂性也是十分重要的。系统的复杂性由模块间的接口数来衡量，一般地讲，n 个模块的接口数的最大值为 $n(n-1)/2$；若是层次结构，n 个模块的接口数的最小值为 $n-1$。为使复杂性最小，对模块的划分设计常常采用层次结构。要注意，编制的程序或模块应容易理解、容易修改，模块应相互独立，对某一模块进行修改时，对其他模块的功能应不产生影响，模块间的联系要尽可能少。

5. 系统测试

测试是为了发现程序中的错误，对于设计的软件，出现错误是难免的。系统测试通常由经验丰富的设计人员设计测试方案和测试样品，并写出测试过程的详细报告。系统测试是在单元测试的基础上进行的，包括以下 4 个方面。

（1）测试方案的设计。

（2）进行测试。

（3）写出测试报告。

（4）用户对测试结果进行评价。

除非是测试一个小程序，否则一开始就把整个系统作为一个单独的实体来测试是不现实的。与开发过程类似，测试过程也必须分步骤进行，每个步骤在逻辑上是前一个步骤的继续。大型软件系统通常由若干个子系统组成，每个子系统又由许多模块组成。因此，大型软件系统的测试基本由下述几个步骤组成。

（1）模块测试。

（2）子系统测试。

（3）系统测试。

（4）验收测试。

软件测试的方法常用黑盒法和白盒法。

6. 文档资料

文档包括开发过程中的所有技术资料以及用户所需的文档。软件系统的文档一般可分为系统文档和用户文档两类。用户文档主要描述系统功能和使用方法，并不考虑这些功能是怎样实现的；系统文档则描述系统设计、实现和测试等方面的内容。文档是影响软件可维护性、可用性的决定因素。不夸张地讲，系统编程人员的每一张纸片都要保留。因此，文档的编制是软件开发过程中的一项重要工作。

系统文档包括：开发软件系统在计划、需求分析、设计、编制、调试、运行等阶段的有关文档。在对软件系统进行修改时，系统文档应同步更新，并注明修改者和修改日期，如有必要应注明修改原因，应切记过时的文档是无用的文档。

用户文档包括以下 4 个方面。

（1）系统功能描述。

（2）安装文档，说明系统安装步骤以及系统的硬件配置方法。

（3）用户使用手册，说明使用软件系统方法和要求，疑难问题解答。

（4）参考手册，描述可以使用的所有系统设施，解释系统出错信息的含义及解决途径。

7. 系统的运行与维护

系统只有投入运行后，才能进一步对系统检验，发现潜在的问题。为了适应环境的变化和用户要求的改变，可能会对系统的功能、使用界面进行修改。要对每次发现的问题和修改内容建立系统维护文档，并使系统文档资料同步更新。

通过建立代码编写规范，形成开发小组编码约定，提高程序的可靠性、可读性、可修改性、可维护性、一致性，保证程序代码的质量，继承软件开发成果，充分利用资源。提高程序的可继承性，使开发人员之间的工作成果可以共享。

软件编码要遵循的原则如下所述。

（1）遵循开发流程，在设计的指导下进行代码编写。

（2）代码的编写以实现设计的功能和险能为目标，要求正确完成设计要求的功能，达到设计的性能。

（3）程序具有良好的程序结构，提高程序的封装性，减低程序的耦合程度。

（4）程序可读性强，易于理解；方便调试和测试，可测试性好。

（5）易于使用和维护；具有良好的修改性、扩充性；可重用性强，移植性好。

（6）占用资源少，以低代价完成任务。

（7）在不降低程序的可读性的情况下，尽量提高代码的执行效率。

4.2　学生成绩管理程序设计

随着社会信息量的与日俱增，学校需要有一个很好的学生成绩管理系统，以便对学生的成绩进行有效的管理。系统应具有学生成绩的查询和删除、统计等功能。使用该系统既能把管理人员从烦琐的数据计算中解脱出来，使其有更多的精力从事教务管理政策的研究实施及教学计划的制定执行和教学质量的监督检查等工作，从而全面提高教学质量，同时也能减轻任课教师的负担，使其有更多的精力投入教学和科研中。学生成绩管理系统最主要的功能是能够便于学校的管理。

本次综合设计实现的学生成绩管理系统，是一个简化的管理系统，具有数据操作方便、高效、迅速等优点。

4.2.1 需求分析

在对学生成绩管理系统进行需求分析的过程中，需要确定系统的主要功能，对软件开发的主要目的、软件的使用领域和有关该软件开发的软硬件环境进行详细的分析。下面就从系统功能、运行环境、功能模块描述等几个方面进行需求分析。

1. 系统现状

目前，我国的大中专院校的学生成绩管理水平普遍不高。在当今的信息时代，传统的管理方法必然要被以计算机为基础的信息管理系统所代替，而且目前很多重点院校都已经拥有自己的教务管理系统。已有的教务管理系统大多比较偏向学生档案管理、学籍管理等，而本次综合设计则把重点放在成绩管理上。从整体上进行分析设计，这对于其他类似的管理系统的设计有很高的参考意义。

2. 系统概述

学生成绩管理系统是运行于 Windows 系统下的应用软件，主要用于对学生的学号、姓名等自然信息以及各项学科成绩进行增、删、改、查等操作，并且还可统计平均分的各分数段分布情况。系统给用户提供了一个简单的人机界面，使用户可以根据提示输入操作项，调用系统提供的管理功能。

3. 系统运行环境

（1）硬件环境

- 处理器：Intel Pentium 166 MX 或更高
- 内存：32MB
- 硬盘空间：10GB
- 显卡：SVGA 显示适配器

（2）软件环境

- 操作系统：Windows 98 / ME / 2000 / XP

4. 功能需求描述

学生成绩管理系统软件为学校的教师和学生提供了一个对学生自然信息和学科成绩进行管理和查看的平台，给用户提供了一个简单友好的用户接口，功能需求描述如下。

（1）创建学生成绩信息文件：用户根据提示输入学生的学号、姓名、各科成绩，如英语成绩、数学成绩和计算机成绩，系统自动计算每个学生的平均成绩。可一次性输入多条学生的成绩信息记录，系统将学生成绩信息记录存储在系统磁盘的文件中，以便进行管理、查找和备份。

（2）显示学生信息：系统会把已存储的学生记录按存储的自然顺序以列表的形式进行显示，显示的内容包括学生的学号、姓名及各项学科成绩和平均成绩。

（3）学生成绩排行浏览：该项需求要求根据学生的平均分进行排行，以便用户对学生成绩状况有较为直观方便地了解。根据平均分从高到低进行排序，显示学号、姓名及各项学科成绩。

（4）查询学生信息：系统提示用户输入要查询学生信息的学号，如果有对应的学生信息，则逐项列出对应学生的成绩状况。在该功能中，也需提示用户是否需要继续查找，如不再继续查找，则返回主界面。

（5）增加学生信息：可在原有学生成绩信息文件的基础上增加新的学生成绩信息记录，并继续保存至磁盘，并且将增加后的文件存储状况显示给用户。在增加新学生记录的过程中，系统提示用户输入英语成绩、数学成绩和计算机成绩 3 门学科成绩，最终平均分要求系统自动计算获得，并同样存入文件中对应的记录中。

（6）删除学生信息：提示用户输入要进行删除操作的学号，如果在文件中有该学生的信息存在，则将该学号所对应的姓名、学号、各科成绩等在对应文件中加以删除，并提示用户选择是否继续进行删除操作。

（7）各分数段的统计：系统会把学生的平均分按 "0～59" "60～69" "70～79" "80～89" "90～100" 5 个分数段来统计人数，并且直观地显示出来。

4.2.2　总体设计

下面从系统的整体流程、各个功能模块、界面以及数据结构几方面进行总体设计。进行总体设计的目标是用比较抽象概括的方式确定系统如何完成预定的任务，也就是说确定系统的物理配置方案，进而确定组成系统的每个程序的结构。

1. 开发与设计的总体思想

本系统主要应用结构化的设计思想实现学生成绩管理系统的增、删、改和查等典型管理功能。各主要模块的数据均存储在文件中，因此包含对文件的读、写等基本操作。在软件开发过程中应用了高级语言程序设计中的基本控制结构，如选择、循环、顺序结构。在软件的设计过程中应用了软件工程的基本理论。

系统的设计方法是结构化设计方法，采用 C 语言进行开发。

2. 系统模块结构图

依据需求分析结果，学生成绩管理系统可以分为 7 个模块：创建学生信息文件、增加成绩信息、删除成绩信息、修改成绩信息、查询成绩、学生成绩排序浏览、统计平均分在各分数段分布情况。

3. 模块设计

（1）创建学生成绩信息：用户根据提示输入学生的学号、姓名、各科成绩，如英语成绩、数学成绩和计算机成绩，系统自动计算每个学生的平均成绩。可一次性输入多条学生的成绩信息记录，系统将学生成绩信息记录存储，以便进行管理、查找和备份。

（2）显示学生信息：系统会把已存储的学生记录按存储的自然顺序以列表的形式进行显示，显示的内容包括学生的学号、姓名及各项学科成绩和平均成绩。

（3）学生成绩排行浏览：该项需求要求根据学生的平均分进行排行，以便用户对学生成绩状况有较为直观方便地了解。根据平均分从高到低进行排序，显示学号、姓名及各项学科成绩。

（4）查询学生信息：系统提示用户输入要查询学生信息的学号，如果在磁盘文件中有对应的学生信息，则逐项列出对应学生的成绩状况。在该功能中，也需提示用户是否需要继续查找，如不再继续查找，则返回主界面。

（5）增加学生信息：可在原有学生成绩信息文件的基础上增加新的学生成绩信息记录，并继续保存至磁盘，并且将增加后的文件存储状况显示给用户。在增加新学生记录的过程中，系统提示用户输入英语成绩、数学成绩和计算机成绩 3 门学科成绩，最终平均分要求系统自动计算获得，并同样存入文件中对应的记录中。

（6）删除学生信息：提示用户输入要进行删除操作的学号，如果在文件中有该学生的信息存在，则将该学号所对应的姓名、学号、各科成绩等在对应文件中加以删除，并提示用户选择是否继续进行删除操作。

（7）各分数段的统计：系统会把学生的平均分按"0～59""60～69""70～79""80～89""90～100"5个分数段来统计人数，并且列表显示统计结果。

4. 界面设计

学生成绩管理系统的界面设计主要遵循方便易用、界面友好的原则，具体设计如下。

（1）主菜单为用户提供操作选择，具体设计效果如图4-1所示。

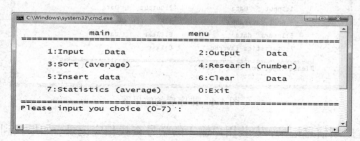

图4-1　主菜单效果图

（2）创建学生信息的操作，每条记录的输入都要提示用户输入具体的项目内容。每条记录输入完毕，提示用户是否继续输入，如图4-2所示。

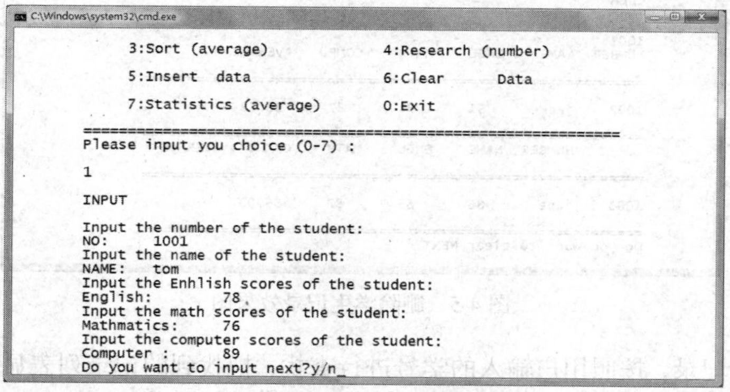

图4-2　创建学生信息图

（3）显示学生信息，按录入自然顺序输出，如图4-3所示。

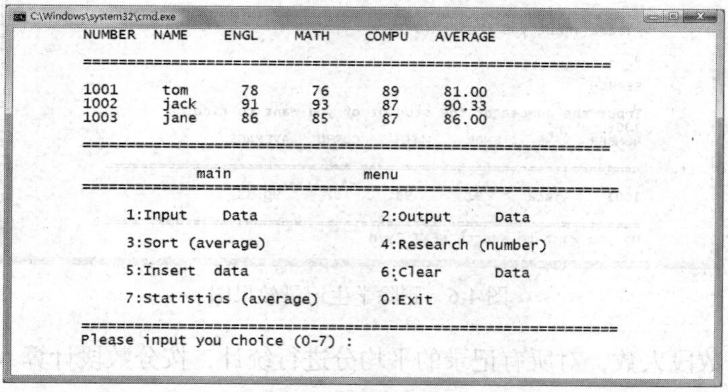

图4-3　显示所有记录图

（4）按平均分进行排序，并显示排序后的记录顺序，如图 4-4 所示。

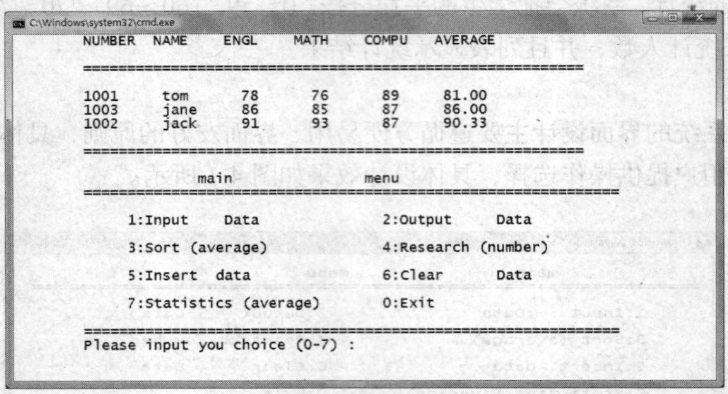

图 4-4　排序后的效果图

（5）删除学生成绩信息记录，安装用户输入的学号查找相应记录，如果找到则删除该条记录，显示剩余记录，并提示是否继续删除，如图 4-5 所示。

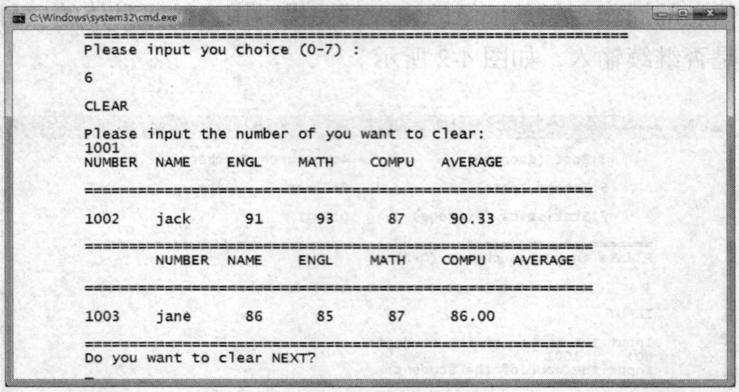

图 4-5　删除学生记录效果图

（6）查找成绩记录，按照用户输入的学号进行查找，把找到的记录列表显示，如图 4-6 所示。

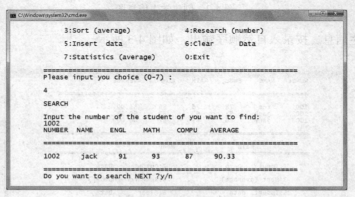

图 4-6　删除学生记录效果图

（7）统计各分数段人数，对所有记录的平均分进行统计，按分数段计算人数，用列表显示结果，如图 4-7 所示。

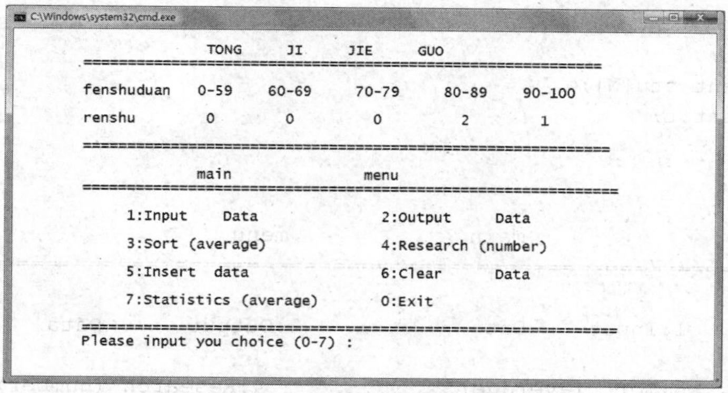

图 4-7 统计各分数段人数效果图

5. 数据结构设计

（1）常量定义的格式如下。

```
# define N 100
```

在进行对学生成绩进行排序浏览、删除等功能时，需要程序先把要操作的文件中的每条记录都存放在数组当中，然后用特定算法对该数组中的学生信息进行操作。而 C 语言的数组长度是固定的，并且必须在声明时指定数组的长度。因此用 N 常量定义数组的长度，初始值为 100，即系统可以对 100 条记录进行处理；当用户有更多需求时，可以对该常量进行简单的修改，便于系统的维护和更新。

（2）学生信息数据结构：用于存放每个学生的学号、姓名、英语成绩、数学成绩、计算机成绩及凭据成绩各方面的信息，代码如下。

```
struct student
{
long num;
char name[24];
float average;
int english;
int math;
int computer;
}t;
```

由于学号、姓名、各科成绩用于描述一个有机整体——学生，为了表明这些字段不是孤立的，而是共同描述一个完整的事务，所以用结构体这种形式来体现。

4.2.3 详细设计

1. main()函数

功能：进入系统，给出用户主控平台，显示操作菜单。根据用户的选项调用相应的函数。

输入：用户输入要进行操作的数字选项。

处理：包括以下 3 个方面的内容。

（1）接收用户输入的操作选项。

（2）系统根据用户输入的操作选项调用相应的功能函数。

（3）显示相应函数的操作过程和结果。

输出：用户选项对应的执行结果。

main()函数对应的程序代码如下。

```
main()
```

```
{
int choice,i;
struct student stu[N];
struct student t;
do
{
printf("\n");
printf("                      main                menu                          \n");
printf("\t ================================================================ \n");
printf("                                                                     \n");
printf("\t      1:Input     Data             2:Output       Data            \n");
printf("                                                                     \n");
printf("\t      3:Sort (average)                4:Research (number)          \n");
printf("                                                                     \n");
printf("\t      5:Insert  data                  6:Clear      Data            \n");
printf("                                                                     \n");
printf("\t      7:Statistics (average)             0:Exit                    \n");
printf("                                                                     \n");
printf("\t ================================================================ \n");
printf("\tPlease input you choice (0-7) :                              \n\t");
printf("\n\t");
scanf("\t%d",&choice);
getchar();
while(choice<0||choice>7)
{
printf("\n\t");
printf("Hello,stupid!Error!look at number(0-7).\n");
printf("\n");
printf("\tPlease input you choice (0-7):\n\t");
printf("\n\t");
scanf("%d",&choice);
getchar();
}
switch(choice)
{
    case 1:printf("\n");
                printf("\tINPUT\n");
                printf("\n");
                input(stu);
                break;
    case 2:printf("\n");
                printf("\tOUTPUT\n");
                printf("\n");
                output(stu);
                break;
    case 3:printf("\n");
                printf("\tSORT\n");
                printf("\n");
                sort(stu);
                break;
    case 4:printf("\n");
                printf("\tSEARCH\n");
                printf("\n");
                search(stu);
                break;
    case 6:printf("\n");
```

```
                printf("\tCLEAR\n");
                printf("\n");
                clear(stu);
                break;
     case 7:printf("\n");
                printf("\tSTATISYICS\n");
                printf("\n");
                statistics(stu);
                break;
     case 0:printf("\n");
                printf("\tEXIT\n");
                break;
     }
   }
   while(choice);
   }
```

2. input()函数

功能：创建学生成绩信息，将用户输入的若干条学生成绩信息保存。每输入完一条记录，都询问用户是否继续输入。

输入：包括以下两方面的内容。

（1）若干条学生成绩信息记录（学号、姓名、各科成绩）。

（2）是否继续，y 继续输入，n 结束输入。

处理：包括以下 4 方面的内容。

（1）接收用户输入的学生信息记录。

（2）获取用户输入的信息记录，通过计算公式平均分=（英语成绩+数学成绩+计算机成绩）/3 计算平均分。

（3）将完整的学生成绩记录存储。

（4）提示是否继续，y 继续，n 结束输入。

input()函数对应的程序代码如下。

```
void input(struct student stu[])
{
int i;
char flag='y';
for(i=0;i<N&&flag=='y';i++)
   {
   printf("\tInput the number of the student:\n\t");
   printf("NO:\t");
   scanf("%ld",&stu[i].num);
   printf("\tInput the name of the student:\n\t");
   getchar();
   printf("NAME:\t");
   gets(stu[i].name);
   printf("\tInput the Enhlish scores of the student:\n\t");
   printf("English:\t");
   scanf("%d",&stu[i].english);
   while(stu[i].english>100||stu[i].english<0)
    {
    printf("\tERROR,PLEASE TRY AGAIN!\n\t");
    printf("Input the Enhlish scores of the student:\n\t");
    printf("English:\t");
```

```
        scanf("%d",&stu[i].english);
        }
    printf("\tInput the math scores of the student:\n\t");
    printf("Mathmatics:\t");
    scanf("%d",&stu[i].math);
    while(stu[i].math>100||stu[i].math<0)
     {
      printf("\tERROR,PLEASE TRY AGAIN!\n\t");
      printf("Input the math scores of the student:\n\t");
      printf("Math:\t");
      scanf("%d",&stu[i].math);
      }
    printf("\tInput the computer scores of the student:\n\t");
    printf("Computer :\t");
    scanf("%d",&stu[i].computer );
    while(stu[i].computer >100||stu[i].computer<0)
     {
      printf("\tERROR,PLEASE TRY AGAIN!\n\t");
      printf("Input the computer scores of the student:\n\t");
      printf("Computer :\t");
      scanf("%d",&stu[i].computer );
      }
   stu[i].average=(float)(stu[i].english+stu[i].math+stu[i].computer)/3;
   getchar();
   printf("\tDo you want to input next?y/n");
   scanf("%c",&flag);
  }
if(i<N-1)
     stu[i+1].num=0;
M=i;
 }
```

3. output()函数

功能：显示所有学生信息记录。

输出：按录入顺序列表显示所有学生的成绩信息记录。

output()函数对应的程序代码如下。

```
void output(struct student stu[])
{
int i;
printf("\tNUMBER\tNAME\tENGL\tMATH\tCOMPU\tAVERAGE\n\t");
printf("\n");
printf("\t==========================================================\n\t");
printf("\n\t");
for(i=0;i<M;i++)
{
printf("%4ld\t",stu[i].num);
printf(" %s\t",stu[i].name);
printf("%4d\t%4d\t%4d\t%6.2f\n\t",stu[i].english,stu[i].math,stu[i].computer,stu[i].average);
}
printf("\n");
printf("\t==========================================================\n\t");
}
```

4. sort()函数

功能：按平均分排序浏览。按平均分对所有记录进行排序，显示排序后的记录内容。

处理：用选择法进行排序。

输出：列表显示按平均分排序后的成绩信息记录。

sort()函数对应的程序代码如下。

```
void sort(struct student stu[])
{
int i,j;
for(j=0;j<M-1;j++)
for(i=0;i<M-1-j;i++)
 if(stu[i].average>stu[i+1].average)
    {
      t=stu[i];
      stu[i]=stu[i+1];
      stu[i+1]=t;
    }
printf("\tNUMBER\tNAME\tENGL\tMATH\tCOMPU\tAVERAGE\n\t");
printf("\n");
printf("\t==========================================================\n\t");
printf("\n\t");
for(i=0;i<M;i++)
{
printf("%4ld\t",stu[i].num);
printf(" %s\t",stu[i].name);
printf("%4d\t%4d\t%4d\t%6.2f\n\t",stu[i].english,stu[i].math,stu[i].computer,stu[i].average);
}
printf("\n");
printf("\t==========================================================\n\t");
}
```

5. search()函数

功能：按学号查询。根据用户输入的学号，进行查询操作。如果该学号不存在，则显示"NO FIND!"，如果学号存在，则显示该学生记录信息，并提示是否进行下次查询。

输入：包含以下两方面内容。

（1）要查询学生信息的学号。

（2）是否继续查询的选项字母。

处理：包含以下4方面内容。

（1）提示用户输入要查询学生的学号。

（2）查找对应记录。

（3）如果找到显示结果。

（4）提示用户是否进行下次查询。

输出：显示用户输入的学号对应的学生的成绩信息记录。

search()函数对应的程序代码如下。

```
void search(struct student stu[])
{
int i,j,low,high,mid;
long n;
char flag;
do{
    {
for(j=0;j<M-1;j++)
```

```
            for(i=0;i<M-1-j;i++)
             if(stu[i].num>stu[i+1].num)
                {
                    t=stu[i];
                    stu[i]=stu[i+1];
                    stu[i+1]=t;
                }
        }
    printf("\tInput the number of the student of you want to find:\n\t");
    scanf("%ld",&n);
    getchar();
    low=0;
    high=M-1;
    mid=(low+high)/2;
    while(low<=high&&stu[mid].num!=n)
    {
        if(n<stu[mid].num)
            high=mid-1;
        else
            low=mid+1;
        mid=(low+high)/2;
    }
    if(low<=high)
    {
    printf("\tNUMBER\tNAME\tENGL\tMATH\tCOMPU\tAVERAGE\n\t");
    printf("\n");
    printf("\t=============================================================\n\t");
    printf("\n\t");
    {
    printf("%4ld\t",stu[mid].num);
    printf(" %s\t",stu[mid].name);
    printf("%4d\t%4d\t%4d\t%6.2f\n\t",stu[mid].english,stu[mid].math,stu[mid].computer,stu[mid].average);
    }
    printf("\n");
    printf("\t=============================================================\n\t");
    }
    else
    printf("NO FIND!\n\t");
    printf("Do you want to search NEXT ?y/n\n\n\t");
    scanf("%c",&flag);
    getchar();
    }
    while(flag=='y');
    }
```

6. insert()函数

功能：增加学生记录。根据用户输入的若干条学生信息记录追加到已有的记录之后。每增加一条询问用户是否继续，y 继续，n 结束输入，返回主菜单。

输入：包含以下两方面的内容。

（1）若干条学生成绩信息记录（学号、姓名、各科成绩）。

（2）是否继续，y 继续输入，n 结束输入。

处理：包含以下 4 方面的内容。

（1）接收用户输入的学生信息记录。

（2）获取用户输入的信息记录，通过计算公式平均分=（英语成绩+数学成绩+计算机成绩）/3计算平均分。

（3）将完整的学生成绩记录存储。

（4）提示是否继续，y 继续，n 结束输入。

insert()函数对应的程序代码如下。

```
insert(struct student stu[])
{
char z='y';
int i,j;
printf("\t=================================================================\n\t");
printf("\n\t");
printf("\t\tStudent\t\tInsert!!!\n\t");
printf("\n");
printf("\t=================================================================\n\t");
for(i=M;i<N&&z=='y';i++)
{
printf("The number of the student:\n\t");
scanf("%ld",&stu[i].num);
printf("\tThe name of the student:\n\t");
scanf("%s",stu[i].name);
getchar();
printf("\tEnglish:\n\t");
scanf("%d",&stu[i].english);
printf("\tMath:\n\t");
scanf("%d",&stu[i].math);
printf("\tComputer:\n\t");
scanf("%d",&stu[i].computer);
stu[i].average=(float)(stu[i].english+stu[i].math+stu[i].computer)/3;
getchar();
printf("\tNext?y/n:\n\t");
scanf("%c",&z);
if(z!='y')
{
M=i+1;
sort(stu);
}
}
}
```

7. clear()函数

功能：删除学生信息。根据用户输入的学号进行删除操作，如果没有用户输入学号对应的记录，则显示 "No find!"，如果找到，则删除该学号对应的学生信息记录。每执行完一次删除操作，都询问用户是否继续删除，y 继续删除，n 结束删除，返回主菜单。

输入：要删除学生信息的学生学号。

处理：包含以下 3 方面的内容。

（1）提示用户输入要删除学生信息的学生学号。

（2）将该学生的信息删除。

（3）询问用户是否继续删除。

输出：列表显示删除后的记录清单。

clear()函数对应的程序代码如下。

```
void clear(struct student stu[])
{
int i,j;
long n;
char flag='y';
for(;M!=0&&flag=='y';)
{
j=1;
  printf("\tPlease input the number of you want to clear:\n\t");
  scanf("%ld",&n);
  getchar();
   for(i=0;i<M&&j;i++)
     if(stu[i].num==n)
        j=0;
     if(j==1)
        printf("\tNO FIND!\n\t");
     else
       {
         i=i-1;
         for(;i<M;i++)
            stu[i]=stu[i+1];
         M--;
       }
     for(i=0;i<M;i++)
       {
     printf("\tNUMBER\tNAME\tENGL\tMATH\tCOMPU\tAVERAGE\n\t");
     printf("\n");
     printf("\t============================================================\n\t");
     printf("\n\t");
     printf("%4ld\t",stu[i].num);
     printf("%s\t",stu[i].name);
     printf("%4d\t%4d\t%4d\t%6.2f\n\t",stu[i].english,stu[i].math,stu[i].computer,
stu[i].average);
     printf("\n");
     printf("\t============================================================\n\t");
       }
     if(stu[0].num!=0)
     {
        printf("Do you want to clear NEXT?\n\t");
        scanf("%c",&flag);
     }
     else
     flag='n';
}
}
```

8. statistics()函数

功能：按平均分统计各分数段的人数。

处理：计算不同分数段的人数。

输出：列表显示各分数段的人数。

statistics()函数对应的程序代码如下。

```
void statistics(struct student stu[])
    {
    int i,a1=0,a2=0,a3=0,a4=0,a5=0,j;
```

```
    for(i=0;i<M;i++)
    {
        j=stu[i].average/10;
        switch(j)
        {
            case 0:
            case 1:
            case 2:
            case 3:
            case 4:
            case 5:a1++;
                        break;
            case 6:a2++;
                        break;
            case 7:a3++;
                        break;
            case 8:a4++;
                        break;
            case 9:
            case 10:a5++;
                         break;
        }
    }
    printf("\t              TONG    JI    JIE    GUO                          \n\t");
    printf("===========================================================\n\t");
    printf("\n");
    printf("\tfenshuduan   0-59    60-69    70-79    80-89    90-100    \n\t");
    printf("\n");
    printf("\trenshu       %d      %d       %d       %d        %d    \n\t",a1,a2,
a3,a4,a5);
    printf("\n");
    rintf("\t===========================================================\n\t");
    }
```